昆山有玉

——昆石文化的赏析与揭秘

吴新民 陈益 /著

目 录

“昆山有玉”，这是一句流传悠久、含义深长的话。玉，所指的既是人才，也是物产。人文荟萃，物华天宝，历来指文化兴盛、珍奇宝物，然昆山玉更是以其独为昆山所有，而遗世独立的。

这本小书，探讨的是昆石文化，从昆石看昆山之玉。

众所周知，昆石是一个宝。人们大都认同这个说法，接受这个说法。然而，若是问你为什么是宝，恐怕得到的回答就五花八门、莫衷一是了。

那么，昆石为什么是宝？只有懂得昆石文化的人、敬石明德的人，才会真正明白，昆石确实是一个宝。假使无法理解昆石的文化内涵，那么昆石在你眼里就不过是一块石头而已。

众所周知，昆石是与灵璧石、太湖石、英石并称的中国古代四大名石之一。自宋代以来，历代石谱和地方志书都有所记载。昆石以其晶莹洁白、玲珑剔透、千姿百态、气质高雅，深受古今石界和文人墨客的青睐。历代文人为之写下了许多赞美的诗文，其中不乏陆游、曾几、郑元祐等名家的作品，更有本地文人顾瑛、归庄等人的题咏。一千多年来，昆石已经形成了一种富有地域特色、审美内涵和文化风格的赏石文化，成为昆山乃至江南优秀传统文化中的重要组成部分。

我们对昆石文化的探讨，既有赏析，也有揭秘。

昆石是一种怎样的玉

昆石既然是一个宝,就意味着它是一种十分珍贵的事物。那么,昆石究竟珍贵在哪里呢? “昆山有玉”究竟是从哪里体现出来的呢?

我们不妨从三方面来谈谈。

首先,昆石具有观赏价值。古人有“居无石不安,厅无石不华,斋无石不雅”的说法。所以,很多人家厅堂里都愿意摆放昆石,作为雅玩和文化展示。一位石友参观了一个年轻人的新居,他不谈室内装饰如何精美豪华,而只是啧啧赞美客厅里的一方昆石。一石在架,满堂高雅,四壁生辉。昆石带来东方古典文化情怀,平添几分宁静雅致的气息和自然灵秀的感受。昆石对于拥有者,不仅仅是让环境发生了变化,更寄托着主人修身养性、陶冶情操的精神境界。从这个意义上说,昆石的观赏价值是不可忽视的。

其次,昆石具有一定的经济价值。自然,对于一件带有文化属性的物品,价值多少,不能简单衡量。它将取决于社会状态(包括和平安定、审美思潮、购买力等)。陆游《菖蒲》诗中写到昆石有“一拳突兀千金值”的描述。“千金”是模糊概念,却显现了宋代诗人心目中昆石的经济价值。俗语说,盛世藏宝,乱世藏金。昆石经济价值的变化幅度相当大。一般来说,它的经济价值取决于当时的物价行情，即普遍认可的价值高低。但，昆石质量的高下、品位的优劣，始终是其经济价值的决定因素。同时也应该结合买家的鉴赏能力、需求以及财力状况作综合考量。显然，昆石具有一定的经济价值，但是其经济价值会随着行情的变化、出售者与购买者的不同状况，出现各种变化。

第三，昆石具有文化价值。昆石的文化价值，体现在赏石历史的悠久，不仅有大量文献记载，历代文人以诗文赞美昆石，地方志书对昆石文化的记载，有关石谱对昆石形态的记述，都表达了人们对昆石地位的肯定，对昆石文化的赞赏。通过昆石审美，人们可以达到以石会友、拜石为师、雅石赏心、美石悦目、读石入境、品石悟理、借石述怀、托石言志、觅石修身、藏石养性、敬石明德、爱石惟馨的目的，实现精神面貌、道德境界的提升。昆石的文化价值，是它与众不同之处，也是它能跻身于古代四大名石之列的缘由。

昆石至少具有以上三方面的价值。但应该指出的是，其观赏价值和经济价值是有限的，如果仅仅从这两个角度来认识，昆石只能等同于一种天然工艺品，只能当作摆设看待。但我们假如从文化价值、从弘扬石德的角度来认识，就可以领悟，昆石的文化价值是无限的。正因为如此，在人们的心目中，昆石是无价之宝，是“昆山之玉”。

关于昆石审美

昆石的美，以结构美为主体美，呈现在人们面前。当人们有机会接触昆石之时，在情感上产生的反应，是激动还是冷静？是精神上得到满足还是理智中得到启迪？或许因人而异，因石而异。必须通过读石入境、赏石悟理，不断挖掘昆石美的内涵，才能提升昆石美的价值。当然，恰当巧妙地给昆石题名，集中体现其人文价值，也是不可忽略的一环。

昆石文化，是人的情感与欣赏昆石的过程高度融合下所产生的一种精神境界。昆石内在之美的发现和认识，很大程度上取决于观赏者的文化修养。只有具有高尚的道德品质，才能触摸到昆石所蕴含的石德之美。这种石德美，经过传播，能够感染给其他观赏者。

我们不能单纯地从视觉美的角度，来欣赏昆石。还必须把赏石艺术提升到更高的层面。通过联想、达境、悟理，也就是从感性审美，上升到理性审美，把昆石自然美的生态规律与人的思想美的社会规律融合在一起，实现人性与石性的融合，道德与石德的贯通，才能悟出人生的哲理，进而懂得石德也正是做人的一种道德准则。

我们不妨再来谈谈审美与石德的关系，感性审美、理性审美与赏石题名之间的关系。

一、审美与石德

看人看人品，赏石赏石德，两者之间究竟有什么关系？我们可以先看看人品问题。常识告诉我们，社会上选拔人才时，在用人过程中，往往要选拔德才兼备的人才，总是要把“德”放在首位考察。在日常生活中，各行各业也都讲究一个“德”字。例如在武术界，人们不单看一个人的武术水平如何，武艺是否高强，更重要的是看这个人有没有武德。又如作为治病救人的医者，不仅要看他的诊疗水平,还得看他的医德是否高尚。古人说“悬壶济世”，其中就包含了医德的标准。各行各业,都追求社会公德、行业道德。所以说，看人看人品，就是讲看看这个人的品德如何。同样，我们如何评价一方昆石，审美的最高境界，也是要分析这方昆石的德性高下。或许有人会说，这样讲是不是过于虚无？大部分人在鉴赏昆石的过程中,往往只看昆石的外表,不知道昆石的德性何在。事实上，德性好的昆石，一定会得到普遍喜爱。

这里可以举一个例子。昆石的美，美在晶莹洁白，玲珑剔透。这是昆石特性的体现。我们欣赏其晶莹洁白，不单欣赏昆石洁白的色泽美，更重要的是欣赏昆石晶莹的质感美。这两种美结合在一起，就意味着昆石具有纯洁美。人们从洁白的色泽、晶莹的质感这种感性审美，发展到理性的纯洁美，与人生的理想追求所契合——因为，做人总要做纯洁的人，是家长、老师自幼就教导的准则。昆石的纯洁美，一旦吻合观赏者的审美标准，石德就自然而然显现出来了。昆石的玲珑剔透也是同样。其实玲珑只是外貌，剔透才是本质。有的昆石，看起来虽然玲珑，但是石质不够晶莹，就不能做到真正的剔透。石质不佳，只能说石体结构是玲珑的，但无法抵达剔透之美。外貌重要，内质更重要。所以，昆石的石质必须晶莹，才能体现出内在结构美、缩景艺术美。通过联想、移情，延伸到对祖国、对大自然的热爱，产生一种心灵上的共鸣。这种心灵之美，就是石德的体现。

我们在对昆石的感性审美中，看到了昆石晶莹洁白、玲珑剔透。它具有色泽的美、结构的美，这些都是昆石的自然美。而对昆石进行的理性审美，得到的是纯洁的美、心灵的美。这种美，好比人的思想美、道德美。多种美的综合，就汇合成石德之美。所以，石德的美，不是单用肉眼能看出来的，一定是经过大脑的深层感悟，从感性审美上升到理性审美后，才能真正领略、真正感受到。可以想象，人们是在昆玉特有的气质给人以高洁脱俗的美感中，感悟到昆石的高雅脱俗，联想到人亦应如昆石般纯洁无邪。因此，收藏研究者用“石德”一词来表述这种观石中得到的独特感受是可以理解的。

无疑，具有石德美的昆石，一定是一方精美的昆石。反之，不具备石德美的昆石，只是一方普通山石。

二、感性审美与题名

昆石的题名，建立在审美的基础之上。审美，包括感性审美与理性审美。这里要讨论的是建立在感性审美基础上，如何给昆石题名。所谓题名，不是一般意义上给昆石加上符号，赋予称呼，其目的是要展示昆石形式美和艺术美的特征。这是命名者出自对昆石的爱，抒发出的一种情感，用文字提炼出昆石的艺术形象。

昆石的形式美，包括构成昆石的自然属性（形、纹、色、质），以及它们之间的组合原则（瘦、皱、漏、透）等。昆石的艺术美，包括石体内部的结构美、缩景艺术美。只要抓住形式美和艺术美中较为突出的一点，我们就可以通过生动的形态、深远的意境、丰富的情感，进行联想和移情。在这种情况下，选择能赞美昆石的自然美、艺术美，表达个人的审美情趣，发挥画龙点睛之妙的命题，就顺理成章了。

昆石不同的立座方式,可以产生不同的联想。同一个立座形式，每个人欣赏的角度不同，也可能有不同的感觉。显然，随着不同的审美意识，联想会抵达不同的意境。这种意境一定是在人的思想情感与昆石之间高度和谐融合后产生的，它丰富深远，耐人寻味。也是一种能令人引发无穷想象的艺术境界，是情思与景物的统一。

为了充分发挥题名的作用，还可以作简短的赏析，点明其深刻的寓意，帮助观赏者作进一步的理解。

这里介绍几方昆石。可以看到命名者是如何通过感性审美，着手命题的，又如何通过命题，抒发审美者思想情感的。

有一方山形昆石，给人的第一印象是形似峻拔陡峭的孤峰，故取名《凌绝顶》。有诗赞美曰：“鸡鸣破晓雾，塔出半天云。相伴有良侣，风神与雨君。”由此抒发了作者的内心情感。作者在对昆石作审美联想时，但见面前峻拔陡峭的孤峰上，一尊宝塔耸峙在云端之上。耳边有声，那是拂晓时的鸡鸣。眼中有色，那是即将弥散的白色云雾。心里有情，一对良侣相伴，那是风神与雨君。

风神与雨君是良侣，意味着风调雨顺，抒发出对祖国对大自然的热爱和赞美。

有一方象形昆石，石质晶莹洁白，形似雪山顶上的一朵雪莲，故取名《雪莲》。有诗曰："薄暮湮松柏，寒山自古白。清晖怀愫情，伴尔依危石。"诗歌所描绘的意境是:傍晚，长年积雪的山顶上，松柏慢慢地消失在视野中。一轮明月怀着真诚的情感，照射出洁白月光，陪伴危石旁的雪莲。这抒发出了一种向往宁静安谧、仰慕月光纯净的心情，同时也歌颂了雪莲洁身自好的品质。这样的命题，抓住了昆石色泽和形态的特征，借以抒写命名者纯洁的情怀。

有一方传统的造型石，一眼望去，晶莹洁白，玲珑剔透，造型生动，云头雨脚，故取名《冰姿玉骨》。有诗曰："心时忐忑感生疑，洁白晶莹何以思。迟至今朝荆始识，请留一份靓才奇。"诗中讲述，在没有见到昆石之前，对昆石的晶莹洁白表示不可思议。但今日一见，发现昆石是如此奇妙，如此靓丽。从中不难体会出命名者对昆石的由衷赞美。

还有一方昆石，它不是一方山形石，只能算是传统的造型石。但是在联想中，注意到上部形态特征，即命名其为《昂霄俯壑》。有诗曰："耸壁倚天立，深渊松柏中。九微灯火灭，看取曙光东。"描述了该石既耸立于峭壁，又围拥于松柏，差落雄伟的气势。整块昆石透现的是仰视云霄、俯瞰深谷的浩然之气。"九微灯火灭，看取曙光东"这一句，表面上说的是灯火灭了，曙光出现在东方上空，其实抒发的是一个人志向宏大，有建功立业的决心。

通过以上几例昆石的题名，我们可以看出，感性审美与题名的关系，是通过对昆石的形式美和艺术美的联想，同时抒发出对该石的情感，从中选择关键点，为其题名。

三、理性审美与题名

理性审美是感性审美的延续，是一个从物质到精神、从现实到想象、从直觉到情感的心理活动过程，也是鉴赏者眼中所见到的昆石与心里感受到的情趣相遇，产生了美感，从而引发无穷想象而抵达的一种艺术境界。从客观的自然美感应到主观的心灵美的升华，这就是理性审美。

赏石悟理，是理性审美的最高层次。通过理性审美，可以得出一个审美结论。鉴赏者自身必然也有悟性，有所启发，有所收获。这就是赏石悟理。所以，我们要谈理性审美与题名的关系，就必须明白赏石悟理与题名之间的关系。

赏石悟理是昆石文化中重要的组成之一。“赏石悟理”这句话，古人早已提出，流传很久，不过，我们一时还难以查明出自哪部著作，作者是谁。虽然不知其出典，但这个观点始终被人们所接受。到了今天，随着时代变迁，社会价值观念发生了很大变化，赏石怎样悟理，该悟通怎样的人生哲理，必然跟古人有较大的不同。何况，不可能每一方昆石都能悟出一番道理，不同的人悟出的道理也有所不同。我们能够做到的，就是站在中华民族优秀传统文化的基点上，给昆石一个悟理的题名。

赏石，从感性审美上升到理性审美，这个途径已经很清楚了。对昆石而言，往往带有共性的美，由此能悟出一个共同的理。例如纯洁美、心灵美等。鉴赏者往往借用不同的成语，加以命名。

这里重点探讨的是昆石的个性之美。个性美是千变万化的，从中可以悟出不同的理。探讨昆石个性美的悟理问题，是理性审美与题名关系的重中之重，也是弘扬昆石文化的一个关键。

首先来谈谈共性美的悟理问题。昆石的共性美，可以分为两大类。一类有关色和质方面。例如，上文谈到的晶莹洁白、玲珑剔透的悟理问题，这里不再讨论。还有一类有关形与纹方面。例如“瘦、皱、漏、透”之类的悟理。举一个例子，对于瘦形昆石，能悟出什么道理呢？通过联想，进入意境，可以得出具有亭亭玉立、苗条挺秀、赏心悦目的优雅美。或者是壁立当空、孤峭无倚、惊心动魄的崇高美。在这基础上进行理性审美，可以发现瘦形昆石具有去腐存精、去伪存真、取精用弘、精益求精的精神，与刚正不阿的骨气。这种精神和骨气，就是理性审美的结果。这是一个人必须具备的做人之道。

昆石个性美的赏石悟理，与之相比，难度更大，却更引人入胜。

所谓昆石的个性美，是由于昆石各不相同，千姿百态，各自具有不同的魅力。问题是各人有各人的认识、有不同的观点，引发不同的想象，必然会悟出不同的道理。有些昆石具有鲜明的主题内容，有些昆石主题内容却比较模糊，还有些昆石则根本找不到主题内容。那么，对于许多不同类型的昆石，该怎样进行赏石悟理呢？

我们不妨分成四种类型，通过实例来介绍。即有主题内容的，没有明确主题内容的，暂时找不到主题内容的，具有多个主题内容的。

第一类,有主题内容的昆石

有这样一方昆石，其外形似一尊神兽卧伏在山石上。假如以这个形态命名，则是《神兽镇山》。然而，这个命题尚未表达审美主体的审美情感，没有令人悟出什么道理。这就有必要对它的形态特征作进一步的观察。该石形如神兽卧伏，表现出的特征是安静地伏在上面，那么它为什么静卧不动？原因何在？意欲何为？通过对该形态的联想，这种静卧不动，与佛家的一句咒语“八风”有关联。其含义指的是“利、衰、毁、誉、称、讥、苦、乐”四顺四逆八件事。“四顺”指的是“利、誉、称、乐”，“四逆”指的是“衰、毁、讥、苦”。由此可以联想到做人之道。在人生经历中，要不畏强权，不贪财宝，不屑毁誉，不管是进入顺境，还是遇到逆境，都要坚持做人的准则。故考虑选择“八风不动”比较合适。这是一个从审美联想到审美悟理的过程。不是停留在艺术形象的感受阶段，而是深入到审美对象的意蕴中去，由外及内，由表及里，也就能得到一个具有理性审美的命题了。

另有一方昆石，形状表现的是抬头仰望苍天。单从形态看，主题内容已经很明确了，可以取名《仰望》或《渴望》。但是这个命题并没有将思想内容表达体现出来。细想，假如一个人品行端正，没有做过令内心惭愧的事，那么它抬头仰望苍天，肯定是问心无愧的。从这个角度来赏石悟理，给它题名为《仰不愧天》是合适的，因为它既把抬头的形态特征作了表述，又将欣赏者的思想情感，融入了高尚的道德境界，表达了做人必须品行正直，才能问心无愧的这一层意思。这正如唐韩愈《与孟尚书书》所言：“仰不愧天，俯不愧人，内不愧心。”

再有一方昆石，是卧石。它似两片扁薄而瘦长的石片，笔直地耸立在石体中央，形态少见。犹如一条帆船出现在眼前。按照常理，可以命名为《帆船》，但是显得单薄。那么选用《一帆风顺》《前程万里》如何？这在表面上看，是有了动感，有了意境，但进一步思考，人在现实生活中是不可能永远一帆风顺的，难免会出现曲折磨难。帆船在大海中航行，如果偏离航道，很可能会触礁。所以，这样的悟理，还是失之浮浅了。想一想帆船在航行中，作深入思考，就应该在“行”字上做文章。行，可以有多种理解：在航行中只代表移动，但在思想道德的范畴，就引申出了走正道、讲规矩，不走歪门邪路的含意。因此，最后决定命名为《行不逾方》。逾即超越，方即方正，行为不超越正道。运用这种思考方式来题名，便体现出赏石悟理的深层价值了。

第二类，没有明确主题内容的昆石

有这样一方昆石，没有明确的主题内容，其外形既不是象形石，又不是观赏石。称它是意象石，不具备云头雨脚的姿态。又不是条杆立石。石质和色泽也不突出。石表突兀，没有什么明显的特征。所以，一时不知道该属于什么小品种。它唯一具有明显特征的，是石体内外布满了细小的洞穴，看起来显得空灵。按照常规的审美看，确实属于没有明确主题内容，只是空灵度高一点而已。因此，就在这一点上做思考。一个小洞，看起来并不起眼，但是石体内外贯穿着许多小洞，它的独特性就体现出来，因为样子确实玲珑而与众不同，惹人喜爱，由此悟得：看来微不足道的事物，经过长期积累，就会引人瞩目。因此，决定给它命名为《积微致著》。

另有一方昆石,同样没有明确的主题内容。唯一与众不同之处，是石体外表可见的洞穴相当稀少，它不属于鸡骨峰。可是石身捧在手中时，发现它相当轻。这说明石体内部是非常空灵的，它的艺术美，一定深深地隐藏在石体里面，尚未被人发觉，故而给它题名《深藏若虚》，表示它的美深藏不露。一个有真才实学的人，总是低调收敛，不露锋芒，因此，这一命名是比较恰当的。《史记·老子韩非列传》记孔子问礼于老子。老子曰:“吾闻之,良贾深藏若虚，君子盛德，容貌若愚。去子之骄气与多欲，态色与淫志，是皆无益于子身。”讲的正是这番道理。

还有一方昆石，从形态、石质、空灵度等各方面去观察，确实找不出个性特征，一时难以确定主题。唯一的差异，就是它与其他昆石相比，显得格外小。那么，不妨将“小”作为主题内容。所以给它命名为《物微志信》。这句成语，出自《后汉书·襄楷传》所载东汉延熹九年（166年）襄楷上疏："臣闻布谷鸣于孟夏，蟋蟀吟于始秋，物有微而志信，人有贱而言忠。”这说明，一些生物形态虽小，却不能小视，因为他们犹如布谷鸟鸣于孟夏，蟋蟀吟于始秋，准确及时。石小如此，人何尝不是如此呢？物微志信，比喻人的身份地位虽然不高，但是内心诚实，这是人该有的做人之道。

再举一个例子。有一方昆石同样没有明显的特征，很难进行联想。千头万绪，无从着手，该怎么办？一时想不出明确的主题内容，是否等同于没有主题内容？回答是否定的。这不过意味着我们暂时还没有发现清晰的、确切的特性罢了。美是普遍存在的，只是缺少发现的眼睛。如何去发现？有待于我们拭亮发现美的眼睛，提高赏石艺术水平。把不清晰、不确定的主题内容化解为可以命题的主题内容，正是面临的课题——从这个意义上说，弘扬昆石文化，任重而道远。再回到这方昆石的命名。千头万绪，无从着手，该怎么办？必须理出头绪来，才能发现它的主题内容。石体空灵、洞穴多窍的特点是普遍的，它有没有独特之处呢？经过仔细的观察，发现它有一个小洞，与其他洞穴有不同之处。它稍大，并能透光，能够见到石体后面的物体。既然如此，主题内容就来了。“穿壁引光”这句成语，符合这方昆石命名的要求。所表达的意境，是古人透过墙壁缝隙，借邻居的灯光看书。可见，命名的方法很重要的一方面是认真地观察体会。

通过以上几个例子的分析，我们可以明白，没有明确主题内容的昆石，不是绝对没有主题内容，只要反复仔细地观察，总能发现一部分昆石具有细微的独特之处。因此，对昆石命名的过程，不仅是赏石悟理的过程，也是不断提高赏石艺术水平的过程。只有这样，才能提高审美和鉴评的水平。昆石审美水平的高低，与昆石题名之间的关系，这也是一个比较典型的实例。

第三类，暂时找不到主题内容的昆石

对于这类昆石，我们只能通过昆石的共性来悟理，给予恰当题名。暂时找不到主题内容，不等于今后依然找不到，不妨暂时给它找个命题。犹如刚刚出生的婴儿，取一个“毛毛”“小弟”“宝贝”之类的乳名。具体来说，可以用感性审美的方法。

先从色泽方面来观察。此类昆石一般石质和色泽极佳，晶莹洁白，玉质感强，纯净度高。如命名为《冰清玉洁》的昆石，石质如冰一般清澄，如玉一般纯洁，联想到一个人的品质，应该高尚纯洁，处世要光明磊落。昆石与人，就有了相通之处。

再如命名为《冰壶玉尺》的昆石。选择这样的主题，并非只是说它的形态如冰做成的壶、玉做成的尺，而是重在赞美昆石的石质冰清玉洁。同时借石抒情，倡导一个人要具有高尚的品质、清白的操行，犹如冰壶玉尺，纤尘不染。

再从形、纹方面来举例。这类昆石的形态和纹理较为特殊。我们的审美，重在欣赏它的气质。如命名为《高山景行》的昆石，石片洁白晶莹，石体剔透空灵，给人以形如高山挺拔的印象，故取名《高山景行》。令人联想到“高山仰止，景行行之”的话。高山，比喻高尚的品德。景行，大路，比喻行为光明正大。也正可以从中悟出一个做人之道：一个品德像高山一样崇高的人，一定会有人敬仰；一个行为光明正大的人，一定会有人效仿。

另有一方昆石，石体特别细长挺拔，很有气势，是少见的立石。取名《清风峻节》，正是象征它具有清廉正直的风尚、高尚峻伟的气节。

再有一方昆石，色质洁白晶莹，远远望去，壁立当空，孤峭无倚，具有惊心动魄的崇高美。这好比一个人的品行，具有高尚的品格和坚贞的节操，故取名《高风苦节》。此语出自清归庄《跋徐绍法临曹娥碑》：“徐绍法孝廉，高风苦节，余甚重之。”

以上这些实例说明，某些昆石虽然一时找不到合适的主题内容，但是我们可以通过深入观察与思索，寻找出共性美中的一点，然后通过联想、感悟，选择一个合适的命题，体现出赏石悟理的结果。

第四类,具有多个主题内容的昆石

由于昆石立座的不同，带来的观察思考角度也不同。同一方昆石，也可以有不同的主题，然后悟出不同的道理。所谓“一千个读者，就有一千个哈姆雷特”，表达的也正是“仁者见仁，智者见智”的意思。

欣赏中由于意境不同、思考问题的角度不同，所产生的命题往往是不同的。

一是有主题内容的山形石。同一方山形石,可以有不同的意境，选择不同的主题，产生不同的悟理效果。

有一种情景，是面前出现的一座高山，但见壁立当空、气势雄伟。若要登高远望，不知路在何方。想决定选择哪一条路比较便捷，就必须向熟悉地情的人问讯，才能作出正确的选择，故取名《行成于思》。意在正确的行动决策，有赖于事前进行周密的思考。这句话出自唐韩愈《进学解》:“业精于勤，荒于嬉;行成于思，毁于随。”

另一种情景，是山洪暴发，山体滑坡，产生堰塞湖。在这种情况下，必须及时开一个口子，引导水流畅通。不然的话，湖水猛涨，一旦决口，后果不堪设想。《左传·襄公三十一年》:“大决所犯,伤人必多,吾不克救也,不如小决使导。”故取名《小决使导》。“小决”，即开一个小口子，开通水道。“使导”，即引导水流畅通。比喻善于经常听取批评意见，改正缺点，就可以避免犯大错误。

再有一种情景，是山上的水滴，日夜不停地滴落，经过若干年之后，就会把石头滴穿，于是给昆石取名《山溜穿石》。从中可以悟出一个道理，只要有恒心，有毅力，就一定能克服困难，最终能把事情做成功。

二是没有明确主题内容的昆石。由于思考问题角度的不同，可以得出不同的见解，说明不同的道理。例如，有一个类型的昆石，石体内外布满了细小的洞穴。第一种取名《积微致著》。比喻微不足道的事物，经过长期积累，就会引人瞩目。第二种取名《贯微洞密》。意在对事物的观察和认识，非常深入透彻。第三种取名《见微知著》。意在看到细小的征兆，便知道其性质及发展趋势，要注意防范。或者发现苗头性问题的存在，就要考虑发展下去其后果将会如何。第四种取名《芥子须弥》。芥子即芥菜子，须弥即古代印度传说中的大山。佛家用语，指微小的芥子能容纳巨大的须弥山。比喻小中有大的哲理。

以上这些实例说明一个问题：同一类型没有明确的主题内容，由于审美联想和意境的不同，审美见解的不同，产生不同的感觉，得到不同的命题，但结果都是一样赏石悟理。

赏石悟理，是昆石文化活动的核心，涉及感性审美上升到理性审美，也是提高赏石艺术水平的过程。如何来衡量赏石悟理的水平？从昆石命名质量如何，可以客观地反映其高低，显现其透彻度。这里，首先取决于一个人的思想素质和道德水准，其次才是一个人的学术水平。在这基础上，通过审美观察，进行联想、悟境，达到审美感应。然后借石抒情，托石言志，表达出石有石德、人如其石的思想境界。而且还要善于运用典故、成语，得到命名，进入赏析过程，表达出赏石悟理的情怀。

赏石悟理的目的就是达到修身养性、陶冶情操，提高道德情操。然后通过宣传媒体等途径，影响、引导、教育别人。我们把昆石文化的核心价值，也就是其蕴含的道德文化，传播开来，推广出去，使大家懂得昆石的核心价值，重在敬石明德、爱石惟馨，以推动全社会的精神文明建设。这就是我们探讨昆石文化的意义所在。

关于昆石文化的探讨

昆石文化历史悠久。自宋代以来，屡见关于昆石的文字记载。人们对昆石的认识加深，赏石水平逐步提高，对昆石的论述、赞颂等留下了大量的资料。为了弘扬中华优秀传统文化，我们在重温历史文献时，有必要对此作进一步的研究。

玩石赏石，古已有之。古人在收集、欣赏奇石的同时，也注重对石种的记录和研究，各种石谱应运而生。著名的有宋代杜绾的《云林石谱》、明代林有麟的《素园石谱》等。石谱诞生的初衷，是要记录天下奇石，产自玉峰山的昆石也被众多石谱所收录，对其产地、成因、清理方法、尺幅、欣赏方式等做了介绍，为今天对昆石历史的研究提供了最直接的文字、图形资料。

一、古代有关文献记载

1.几种石谱中的昆石

（1）《云林石谱》　宋·杜绾

昆山石，平江府昆山县石，产土中。多为赤土积渍[①]。既出土，

①赤土积渍：石头被红色泥土包裹着。

倍费挑剔洗涤[①]。其质磊魂，巉岩透空，无耸拔峰峦势。扣之无声。土人唯爱其色洁白，或栽植小木，或种溪荪[②]于奇巧处，或置立器中，互相贵重以求售[③]。近时，杭州皋亭山[④]后，大山出石，与昆山石无异。

杜绾，字季阳，号云林居士，宋山阴（今浙江绍兴）人。据传系唐代诗人杜甫的后裔，北宋丞相祁国公杜衍之孙。杜绾平生爱石，乃时风所熏。宋代重文轻武，上至皇帝，下至臣民，迷石者众，同时赏石趋于细腻、含蓄、超脱。在此背景下的《云林石谱》，提炼总结，含蕴挥发，体现了宋代文人赏石观之精髓。清代编纂《四库全书》时“惟录绾书”，其余石谱“悉削而不载”，足见其权威。故剖析该书的赏石观，既益于承前，更泽于启后。

《云林石谱》大约成书于公元1118—1133年，是中国古代载石最完整、内容最丰富的一部石谱，全书约一万四千余字，涉及名石共一百一十六种。作者详细考察了这些名石的产地，还细数其采取方法、形状、颜色、质地优劣、敲击时发出的声音、坚硬程度、纹理、光泽、晶形、透明度、吸湿性、用途等方面的各自特点。还按其性质进行了分类，并分为石灰岩、石钟乳、砂岩、石英岩、玛瑙、水晶、叶腊石、云母、滑石、页岩及部分金属矿物、玉类化石等。书中记载的石头产地范围广达当时的八十二个州、府、军、县和地区。

---

②倍费挑剔洗涤：格外需要反复挑剔洗涤，十分费力。

③溪荪：生长在溪边的一种小型香草，又名“荃”。

④互相贵重以求售：相互吹捧石头珍贵，以求卖个好价钱。

⑤皋亭山：位于今浙江省杭州市主城区东北隅，江干、拱墅、余杭三区交界处。高百余丈，南宋时为防守要隘，1276年被元军所占，南宋朝廷遂降。

（2）《素园石谱》　明·林有麟

昆山石：苏州府昆山县马鞍山[①]于深山中掘之乃得，玲珑可爱。凿成山坡，种石菖蒲花树及小松柏。询其乡人，山在县后一二里许，山上石是火石[②]，山洞中石玲珑，栽菖蒲等物最茂盛，盖火暖故也。

林有麟（1578—1647），字仁甫，号衷斋，明松江府华亭县（今上海市松江区）人。授南京通政司，历任南京都察院都事、太仆寺丞、刑部郎中等职，官至四川龙安府知府，颇得民望。他工山水画，喜好奇石，在所居住的素园中辟“玄池馆”收集奇石，数量达上百种。他将这些奇石绘制成图，缀以前人题咏，于四十岁时编成《素园石谱》。

《素园石谱》共收集各种名石一百零二种（类），计二百四十九幅大小石画，被公认为迄今传世最早、篇幅最宏的一本画石谱录。本书最大的特点是图文并茂，其中对于明代供石底座的描摹、雨花石纹理描绘、宋徽宗花石纲遗石的描写等内容，是不可多得的重要史料。

假如对以上石谱作一番研究，我们可以发现，有几个方面值得注意：

A. 从宋代开始，对昆石的观赏已有文字记载。

B. 当时人们的审美倾向，已经认识到昆石的美，在于晶莹洁白、

---

①马鞍山：即玉峰山，因形似马鞍而得名。

②火石：即天然燧石，是一种硅质岩石，致密、坚硬，多为灰、黑色，敲碎后具有贝壳状断口。

玲珑剔透。

C. 当时已流行树石盆景的栽培。

D. 当时已开始为奇石配上底座，放在室内案头，作为供石来欣赏。

E. 当时的人们对昆石热爱的程度，以及价格之贵重。

F. 昆石成品来之不易，从毛坯到成品，处理难度极大，需要花费较长的时间与精力。

G. 当时已发现其他地方也有同类型的昆石，与昆石没有大的差异。

H. 值得讨论的两个问题。首先是在尚未发现文字记载之前，开始赏玩昆石的时间，究竟在何时？能不能推定？其次是石谱中记载“杭州皋亭山后，大山出石，与昆山石无异”，为什么当时没有开采，直至当代才得以开采？其原因是什么？在下文中，我们将一一探讨。

2.历代典籍论昆石

除了专门收录奇石的石谱，古代一些记录园林、古玩、水石、器具等宅居构成理论的著作也将昆石纳入记载，如元代高德基《平江记事》、元末明初曹昭《格古要论·异石论》、明代文震亨《长物志》等，说明了昆石不仅是一个赏石品种，也是园林造景、家居布置的重要组成元素，与人们的生活联系紧密。

（1）《平江记事》　元·高德基

昆山，高一百五十丈，周回八里，在今松江华亭县治西北二十三里，昆山州以此山得名。后割山为华亭县，移州治于州北马鞍山之阳，山高七十丈，孤峰特秀，极目湖海，百里无所蔽……山多奇石，秀莹若玉雪，好事者取之以为珍玩，遂名为昆山石。山阳有慧聚寺，依岩傍壑，皆浮屠精舍，云窗舞阁，层见叠出，人以为真山似假山云。

高德基，元平江路（治今江苏苏州）人。所著《平江记事》，被《苏州府志》称为“文笔遒劲，深合史法”。

（2）《格古要论·异石论》　元末明初·曹昭

昆山石出苏州府昆山县马鞍山。此石于深山中掘之乃得，玲珑可爱。凿成山坡，种石菖蒲花树及小松柏树。佐近询其乡人，山在县后一二里许，山上石是火石，山洞中石玲珑，好栽菖蒲等物最佳，茂盛，盖火暖故也。

曹昭，字明仲，元末明初松江府（治今上海市松江区）人。幼年随父鉴赏古物，并悉心钻研，鉴定精辟。撰有《格古要论》三卷，对古铜器、书画、碑刻、法帖、古砚、古琴、陶瓷、漆器、织锦和各种杂件，论述其源流本末，剖析真赝优劣、古今异同，共十三类。后经王佐增补为十三卷，名为《新增格古要论》。

（3）《论异石》　明·张应文

昆山石块愈大，则世愈珍。有鸡骨片、胡桃块二种。惟鸡骨片者佳。嘉靖间见一块，高丈许，方七八尺。下半状胡桃块，上半乃鸡骨片。色白如玉，玲珑可爱。云间一大姓出八十千置之，平生甲观也。

张应文（约1524—1585），字茂实，号彝斋，一作彝甫，又号被褐先生，明嘉定（今上海市嘉定区）人。书画家、藏书家。监生，屡试不第，乃一意以古器书画自娱。博综古今，与王世贞为莫逆之交。善属文，工书法，富藏书。长于兰竹，旁及星象、阴阳。著有《清秘藏》二卷，其中有论其藏书和宋刻版本鉴定之法。另有《巢居小稿》《罗钟斋兰谱》《天台游记》《国香集》《雁荡游记》等。

（4）《长物志》 明·文震亨

昆山石出昆山马鞍山下，生于山中，掘之乃得。以色白者为贵，有鸡骨片[①]胡桃块[②]二种，然亦俗。尚非雅物也。间有高七八尺者，

置之古大石盆中亦可。此山皆火石，火气暖故栽菖蒲等物于上最茂，惟不可置几案及盆盎中。

文震亨（1585 — 1645），字启美，明长洲（今江苏苏州）人。明末画家。书画家文徵明曾孙。天启六年（1626）选为贡生。家富藏书，长于诗文绘画，善园林设计。曾参与反抗阉党的“五人事件”。顺治二年（1645），清军攻占苏州后，避居阳澄湖。为反抗清军推行薙发令绝食而亡。

《长物志》共十二志，其中室庐、花木、水石、禽鱼、蔬果等五志，

---

①鸡骨片：即鸡骨峰。
②胡桃块：即胡桃峰。

是中国古代园林艺术的基本构建，其选材、构造与布局使庭园性灵生活浑然天成，这也是中国古代士大夫沉醉其间的原因所在。而书画、几榻、器具、衣饰、舟车、位置、香茗等七志，则叙述了古代居宅所用器物的制式极尽考究，品位高雅。

（5）《博物要览·志石》　清初·谷应泰

昆山石产苏州府昆山县。产土中，为赤泥渍溺，倍费洗涤。其石质色莹白，巉岩透空宛转，无大块峰峦者。土人或爱其石色洁白。或种溪荪于奇巧处，或置之器中，互相贵重以求售。

谷应泰（1620—1690），字赓虞，清初直隶丰润（今河北唐山市丰润区）人。聪敏强记，工制举文。及长，肆力经史，书无不窥。顺治四年（1647）进士。改户部主事，寻迁员外郎。授浙江提学佥事，校士勤明，所拔如陆陇其等，多一时名俊。暇时，游览杭州湖山之胜，创书舍为游息地。著有《筑益堂集》《明史纪事本末》《博物要览》。

（6）《格致镜原·石部》　清·陈元龙

昆山石出昆山县马鞍山。此石于深山中掘之乃得，玲珑可爱。凿成山坡，种石菖蒲花树小松柏树。山在县后一二里许。山上石是火石，山洞中石玲珑，好栽菖蒲等物。最佳，茂盛，盖火暖故也。昆山石类刻玉①。不过二三尺而止。案头物②也。

---

①刻玉：雕刻过的玉石。

②案头物：置于案头欣赏的艺术品。

陈元龙（1652—1736），字广陵、高斋，号干斋、广野居士，谥文简，清浙江海宁盐官镇人。康熙二十四年（1685）榜眼。

《格致镜原》，其书为一百卷，分乾象、坤舆等三十类，类下分目，共八百八十六目。举其内容，则天文、地理、身体、冠服、宫室、饮食、布帛、舟车、朝制、礼器、珍宝文具；欣赏器物与实用器物，无不具备；殿以草木、花草、鸟兽、鱼虫等，所谓博物之学，故名“格致”。又格致寓致知，即研究事物之意。“镜原”为探求本原，犹事物纪原之意。“采撷极博”，体例井然，为研究中国古代科学技术和文化史的重要参考书。

（7）《吴语》　清·戴延年

昆石佳者，一拳之多价累兼金，有葡萄纹、麻雀斑、鸡爪纹之别。

戴延年，清长洲（今江苏苏州）人，活动于乾隆年间（1736—1795）。擅长度曲（演唱昆曲）和古文、诗词、书法。一生游历漂泊四方，晚年定居吴江（今江苏苏州市吴江区）。《吴语》一卷记录了当年的风土人情、闻人轶事。

从以上典籍的记载看，除了石谱中谈及的内容外，关于昆石的诸多方面，也有论述。

一是关于昆山石的来历，说“昆山在今松江华亭县治西北二十三里，昆山州以此山得名。后割山为华亭县，移州治于州北马鞍山之阳……山多奇石，秀莹若玉雪，好事者取之以为珍玩，遂名为昆山石”。昆石显然与昆山地名有关。

二是从审美的角度来分析，对昆石的色泽和形态有了进一步的描述。如形容昆石色白如玉，玲珑可爱，秀莹若玉雪。说昆山石类“刻玉”，即昆石如雕刻过的玉石。

三是对昆石品种的分类，有两种不同的说法。一种以形态来命名，有鸡骨片、胡桃块二种，惟鸡骨片者佳。这种命名方法，日后继续被采用。另一种以纹理来命名，即昆石有葡萄纹、麻雀纹、鸡爪纹之别。这种命名方法后逐渐被淘汰。

四是按昆石的体型大小，有不同的赏玩方法。如昆山石类刻玉，不过二三尺，一般置于案头赏玩。又如间有高七八尺者……惟不可置几案及盆盎中，大者则用作室外的庭园用石。

五是从“云间一大姓出八十千置之。平生甲观也”“昆石佳者，一拳之多价累兼金”文字中可以看出，当时的昆石价格非常昂贵。

3.昆山历代县志中的记载

昆山县志中也有大量关于昆石的记载，为研究昆石文化提供了文字资料。

宋淳祐《玉峰志》载：

邑有山，实名马鞍，近年以来得石。镵之则莹洁之态俨然与玉同。

巧石，出马鞍山后。石工探穴得巧者，斫取玲珑，植菖蒲芭蕉，置水中。好事者甚贵之。他处名曰昆山石，亦争来售。

明万历《昆山县志》载：

山中多奇石，秀质如玉雪。好事者得之，以为珍玩，号昆山石。

康熙《昆山县志》稿载：

县以山名，而县中之山实马鞍山，非昆山也。然山产奇石，凿之复生，镵而濯之，莹洁如玉，邑称玉峰，正不必借胜云间矣。自唐以来，题咏甚众。

山产奇石，玲珑秀巧，质如玉雪，置之几案间，好事者以为珍玩，号“昆山石”。按：巧石多生山腹，傍山之人称山精者，每深入险径以取之。按凌《志》[1]云：“近年来得石如玉，是马鞍山可以出玉，当有机、云其人者出焉。”可见元以前石未之显也。明季开垦殆尽，邑中科第绝少。今三十年来，上台禁民采石，人文复盛。闻近复有盗凿者，后之君子所当严为立防者也。

玉泉亭：在山巅。顾潜《记》：吾邑名昆山，取诸华亭九峰之一。陆士衡云：“婉娈昆山阴”者是也。自唐割置，山在华亭邑境，而吾邑仍旧名，乃以城中马鞍山者当之。又以山产异石，坚确莹洁，因取“昆仑出玉”之说，别名“玉峰”，斯固傅会云耳。顾自海上至苏城，夷旷二百里许，惟马鞍山拔起数千寻。岩壑奇秀，林薄阴蔼，含精藏云，灵润嘉谷，陟巅南望，九峰皆在几下，谓非邑之镇欤？

山故有井，深窈叵测、泉洌而甘，俗传下通海脉，理或然也。邑人赠南昌同知张府君德行，饮而嘉之，尝云：“山既玉名矣，泉、山出也，独非玉乎。”遂呼为“玉泉”，而且以自号焉。

玲珑石亭：在山北，知县杨逢春刻文于内，禁采石者。

---

① 凌《志》为昆山县第一部县志。宋淳祐十一年（1251），项公泽修《玉峰志》三卷，主纂凌万顷，协纂边实。

风俗：相传形家言，谓城中玉带河不可塞，学宫红墙不可使民家蔽之，西仓小桥不可用石块，而山中所产巧石，尤不可过为开凿，以近事征之颇验。然邑之科名虽盛，而盖藏之家，百无一二。又以为山首瘦削，故秀而多贫。邑中士流，多商贾，少门第；多仓庚，少仕者，词林多，科道少。即四方之贾于昆者，亦书笔多，钱币少。

莫子纯《重修县学记》：壮哉，昆山之为县也，摎结峻绝，白石如玉，沃野坟腴，粳稻油油，控江带湖，与海通彼，山川孕灵，人物魁殊，则所谓玉人生此山，山亦传此名，著于荆国文正公之咏，岂徒殊荣于往号，抑亦延光于将来也。

"春云出岫""秋水横波"[①]两石在顾亭林先生乡贤祠内。

玲珑石：本山产，黄沙洞为上，鸡骨片次之，葡萄花又次之，为世珍玩。久禁凿采，今虽重价购求，不可得矣。

从诸多典籍和地方史料得知，昆石作为中国著名的观赏石，千百年来产生了很大的影响。由于其审美价值和文化价值都极高，自古以来人们对昆石的需求量都很大，社会上争相求购。然而资源有限，造成昆石供不应求，有人便到玉峰山中偷挖，甚至伤及山脉，历代官府为保护资源，屡次下令禁止挖掘。

在宋代绍熙年间（1190—1194），宋太府寺丞陈振赏立亭置碑山北，禁止开凿山石。明嘉靖初，昆山县令杨逢春筑禁采玲珑石亭，刻文于内，重申禁令。清乾隆五年（1740），昆山知县许松佶、新

① 昆石"春云出岫""秋水横波"原为亭林先生祠原物。亭林祠建于清中叶，在玉山书院旧址（今培本小学），抗战前迁至亭林园东斋，今为昆石馆。

阳知县白日严，受邑人唐德宜等请，立碑永久禁止开凿昆石。乾隆八年（1743）八月，昆山知县吴韬、新阳知县姚士林奉各宪批，勒永禁侵损马鞍山，立碑石永远执行。

1935年，昆山朱敬之、潘鸣凤、徐梦鹰、黄震环、卫序初、徐绍烈等名士上书国民政府实业部，要求“从严永禁开凿马鞍山山石”。经实业部批准，县长布告禁止开凿，并饬令公安局查禁。

中华人民共和国成立后，昆山市（县）人民政府十分重视保护昆石资源。1979年9月1日，昆山县公安局及当时的基建局，曾发布《关于加强人民公园治安管理的公告》。2007年7月27日，昆山市政府发布了《关于禁止盗挖昆石的规定》。同时采取得力措施，将山上所有的洞穴用水泥封闭，并置摄像头严密监控；组织夜间巡逻队检查；通过树立告示牌、媒体宣传等方式告之民众，警示教育；对于偷挖的人，一旦抓到即给予相应处罚。通过一系列的有效手段，有效地保护了昆石资源。

在对种种历史资料的研究分析中，我们可以得到以下发现：

一是关于昆石的命名来历。

其一，根据地名来命名。县志上谈到县以山名，而县中之山实马鞍山，非昆山也。“昆山”的原名出自松江华亭九峰之一。南朝梁大同二年（536）置昆山县（县境东南有一座山，名“昆山”，在今上海市松江区境内，故名“昆山县”）。唐天宝十载（751）县治迁至马鞍山阳，定名“昆山县”（今昆山市）。故而县以山名，石以县名。

其二，根据山名来命名。相传南朝梁天监十年（511），僧沙门慧在马鞍山南建造慧聚寺。当时香火兴旺，僧侣很多。有一位僧侣偶然发现山峰内蕴藏着晶莹剔透的玉石。经过冲洗后样子非常可爱，遂名之“玲珑石”。梁周兴嗣《千字文》中有“玉出昆冈”句。因昆山境内（包括松江）出现了文学家、书法家陆机、陆云兄弟，时人以“玉出昆冈”相比拟。因为玲珑石堪与昆仑山玉石相媲美，马鞍山傍依昆仑山，故地名改称“昆山”。山中的玉石也顺理成章地称为“昆石”。

二是关于昆石命名的时间。

《云林石谱》问世的时间，是宋绍兴三年（1133）。昆山县志记载立禁采玲珑石亭，是宋绍熙四年（1193）。两者相隔仅六十年。当时有著名诗人写下赞美昆石的诗歌，可见南宋时期昆石的知名度已经很高。

另据清康熙《昆山县志》稿对昆石的记载：“县以山名，而县中之山实马鞍山，非昆山也。然山产奇石，凿之复生，镵而濯之，莹洁如玉，邑称玉峰，正不必借胜云间矣。自唐以来，题咏甚众。”不难看出，早在唐代，就有诗人赞美昆石了，可惜未曾流传。

由此，我们不难推断，昆石命名的最早时间，可能在唐天宝年间（742—756）。其最初被人赏玩的时间（俗称“玲珑石”），应该比这还要早许多年。

三是丰富了昆石石种的命名。

据县志记载，“本山产，黄沙洞为上，鸡骨片次之，葡萄花又次之，为世珍玩”。黄沙洞，如今称之为“雪花峰”。从目前掌握的实物看，黄沙洞确实质量好、数量少，极其名贵。

四是历代禁止采凿昆石的原因。

《玉峰志》云：“近年来得石如玉，是马鞍山可以出玉，当有机、云其人者出焉。”“明季开垦殆尽，邑中科第绝少。今三十年来，上台禁民采石，人文复盛。”玉峰山产昆石，犹如出现陆机、陆云这样的才子，是人文荟萃的象征。宋代以来官府禁止开采昆石，其主观愿望是保障地方人文兴旺。但在客观上保护了马鞍山的生态环境，保护了昆石资源。杭州皋亭山的“大山”以前不开采的原因，也是古时“大”“泰”通用，人们将大山读为“泰山”，不敢因任意开挖而伤了文脉。今杭州皋亭山北仍有一座小山名“泰山”，山脚下有村子名“泰山村”。

五是关于昆石“春云出岫”“秋水横波”。

“春云出岫”“秋水横波”为亭林先生祠原物。亭林祠建于清中叶，在玉山书院旧址（今培本小学），抗战前迁至亭林园东斋，今为昆石馆。这两峰昆石，是庭园石珍品，高二米，重数吨，峰峦嵌空，奇巧玲珑，石质莹润，形态生动，命题确切。最关键的是流传有脉络可循，堪称明代名石之一。

4.历代诗人咏昆石

昆石因形态玲珑、气质高雅、珍贵难得，受到人们的追捧，历代诗人为之写下了诸多诗篇，或描述其仙姿风骨，或赞美其高洁气节，或昭示其高昂身价，或表达爱慕渴望的心情，其中不乏陆游、曾几等名家的作品。而昆山本地的顾瑛、归庄等文人的诗作，在歌颂昆石的同时，也展示了本地风土人情、历史文化，是解读昆石与昆山文化的绝佳资料。

(1)《昆丘》　宋·杨备

云里山花翠欲浮，当时片玉转难求。
卞和死后无人识，石腹包藏不采收。

杨备，字脩之，北宋建平（今安徽郎溪）人，生卒年月不详。诗人。诗句大多描写南京、苏州及太湖的景物。

(2)《玲珑石》　宋·石公驹

昆山产怪石，无贫富贵贱悉取置水中，以植芭蕉，然未有识其妙者，余获片石于妇氏，长广才尺许，而峰峦秀整，岩岫崆峻，沃以寒泉，疑若浮云之绝涧，而断岭之横江也。乃取蕉萌六植其上，拥护扶持，今数载矣。根本既固，其末浸蕃。余玩意于此，亦岂徒役耳目之欲而已哉。

薿薿六君子，虚心厌蒸烦。
相期谢尘土，容于水石间。
粹质怯风霜，不能尝险艰。
置之或失所，保护良独难。
责人戒求备，德丰则才悭。
我独与之友，目击心自闲。
风流追鲍谢，秀爽不可攀。
如此君子者，足以激贪顽　。
小人类荆棘，屈强污且奸。
一旦遇翦薙，不殊草与菅。

视此六君子，岂容无腼颜。

石公驹，宋人，生卒年月不详。喜爱昆石，曾在妇氏手中得到一块昆石，并栽以六棵芭蕉芽，精心呵护。

（3）《乞昆山石》 宋·曾几

余颇嗜怪石，他处往往有之，独未得昆山者，拙诗奉乞，且发自强明府一笑。

昆山定飞来，美玉山所有。
山祇用功深，剜划岁时久。
峥嵘出峰峦，空洞闭户牖。
几书烦置邮，一片未入手。
即今制锦人，在昔伐木友。
尝蒙投绣段，尚阙报琼玖。
奈何不厚颜，尤物更乞取。
但怀相知心，岂惮一开口。
指挥为幽寻，包裹付下走。
散帙列岫窗，摩挲慰衰朽。

曾几（1085—1166），字吉甫，自号茶山居士，南宋赣州（治今江西赣州市赣县区）人，徙居河南府（治今河南洛阳）。历任江西、浙西提刑，秘书少监，礼部侍郎。学识渊博，勤于政事。其诗多属抒情遣兴、唱酬题赠之作，闲雅清淡。所著《易释象》及文集已佚，另有《茶山集》八卷，辑自《永乐大典》。

(4)《昆石诗》 宋·陆游

雁山菖蒲昆山石，陈叟持来慰幽寂。
寸根蹙密九节瘦，一拳突兀千金值。
清泉碧缶相发挥，高僧野人动颜色。
盆山苍然日在眼，此物一来俱扫迹。
根蟠叶茂看愈好，向来恨不相从早。
所嗟我亦饱风霜，养气无功日衰槁。

陆游（1125—1210），字务观，号放翁，南宋越州山阴（今浙江绍兴）人。诗人。其一生笔耕不辍，今存诗九千多首，内容极为丰富。与王安石、苏轼、黄庭坚并称“宋代四大诗人”，又与杨万里、范成大、尤袤合称“中兴四大诗人”。著有《剑南诗稿》《渭南文集》《南唐书》《老学庵笔记》等。

(5)《水竹赞并序》 宋·范成大

昆山石奇巧雕镂，县人采置水中，种花草其上，谓之水窠，而未闻有能种竹者，家弟致存遗余水竹一盆，娟净清绝，众窠皆废。竹固不俗，然犹须土壤栽培而后成。此独泉石与俱，高洁不群，是又出乎其类者。赞曰：

竹居清癯，百昌之英。
伟兹孤根，又过于清。
尚友奇石，弗丽乎土。
濯秀寒泉，亦傲雨露。

辟谷吸风，故射之人。
微步凌波，洛川之神。
蝉脱泥涂，同于绝俗。
直于高节，此君之独。
棐几明窗，不受一尘。
微列仙儒，其孰能宾之?

范成大（1126—1193），字致能，号称石湖居士，南宋平江吴县（今江苏苏州）人。诗人。从江西派入手，后学习中、晚唐诗，继承白居易、王建、张籍等诗人新乐府的现实主义精神，终于自成一家。风格平易浅显、清新妩媚。诗题材广泛，以反映农村社会生活内容的作品成就最高。他与杨万里、陆游、尤袤合称南宋“中兴四大诗人”。

（6）《得昆石》　元·张雨

昆丘尺璧惊人眼，眼底都无嵩华苍。
隐若途环蜕仙骨，重于沉水辟寒香。
孤根立雪依琴荐，小朵生云润笔床。
与作先生怪石供，袖中东海若为藏。

张雨（1283—1350），号句曲外史，道名嗣真，道号贞居子，元钱塘（今浙江杭州）人。曾从虞集受学，博学多闻，善谈名理。诗文、书法、绘画，清新流丽，有晋、唐遗意。年二十弃家为道士，居茅山，尝从开元宫王真人入京，欲官之，不就。现存词五十余首，多是唱和赠答之作。

(7)《云根石》　元·张雨

隐隐珠光出蚌胎，白云长护夜明台。
直将瑞气穿龙洞，不比游尘汙马嵬。
岩下松株同不朽，月中鹤驾会频来。
君看狠石英雄坐，寂莫于今卧草莱。

(8)《得昆山石》　元·郑元祐

昆冈曾韫玉，此石尚含辉。
龙伯珠玑服，仙灵薜荔衣。
一泓天影动，九节润苗肥。
阅世忘吾老，苍寒意未迟。

郑元祐，元人，生卒年月不详。被称为“吴中硕儒”。是顾瑛“玉山佳处”的常客。

(9)《次琦龙门游马鞍山》　元·顾瑛

马鞍之山幽且佳，回岩叠巘多僧家。
鸡唱推窗看晓日，海色烂烂开红霞。
人言兹山出美玉，一草一木皆英华。
石头崭岩踞猛虎，藤蔓荦确缠长蛇。
我昔春游春日斜，山僧携酒邀相遮。

仙乐云中降窈窕，天风松下吹袈裟。
简师石室鬼潇洒，一篱五色蔷薇花。
夜吹铁笛广公院，联诗石鼎烹新茶。
君今好奇良可夸，蹑云着屐追麏麚。
诗成大字写绝壁，山灵卫护行人嗟。
归来自驾白牛车，徐州九点元非遐。
下方盗贼聚如蚁，视之不啻恒河沙。

顾瑛(1310—1369)，一名阿瑛，又名德辉，字仲瑛。元昆山（今属江苏）人。家业豪富，筑有玉山草堂，园池亭馆二十六处，声伎之盛，当时远近闻名。其人轻财好客，广集名士诗人，玉山草堂遂成游宴聚会场所。不愿做官，常与杨维桢等诗酒唱和，风流豪爽。元朝末年，天下纷乱，他尽散家财，削发在家为僧，自称“金粟道人”。

（10）《玉峰》　明·吴宽

昆冈玉石未俱焚，古树危藤带白云。
小洞烟霞藏术客，下方萧鼓赛山君。
千家居屋黄茅盖，百里行人白路分。
更上双峰最高处，沧溟东去渺斜曛。

吴宽（1435—1504），字原博，号匏庵、玉亭主，世称匏庵先生，明长洲（今江苏苏州）人。成化八年（1472）状元，会试、廷试皆第一，授修撰，侍讲孝宗东宫。孝宗即位，迁左庶子，预修《宪宗实录》，进少詹事兼侍读学士。官至礼部尚书。善书。其诗深厚醲郁，自成一家，著有《匏庵集》。

(11)《昆石》　明·张凤翼

怪石嶙峋虎豹蹲，虬柯苍翠荫空林。
亦知匠石不相顾，阅历岁华多藓痕。

张凤翼（1527—1613），字伯起，号灵虚，别署灵墟先生、泠然居士，明长洲（今江苏苏州）人。与弟燕翼、献翼并有才名，时人号为“三张”。为人狂诞，擅作曲。所著戏曲，有传奇《红拂记》等六种，合题《阳春集》；诗文有《处实堂集》八卷，及《梦占类考》《海内名家工画能事》等，另有《敲月轩词稿》，已散佚。

(12)《失题》　明·王穉登

粉蝶藏青巘，相携胜侣行。
雷焚寺里塔，潮打石边城。
地想金曾布，山将玉得名。
故乡无百里，已有白云生。

王穉登（1535—1612），字伯穀，号半偈长者、青羊君、广长庵主等，先世江阴（今属江苏）人，后移居吴门（今江苏苏州）。剧作家。曾拜名重当时的吴郡四才子之一文徵明为师，入“吴门派”。文思敏捷、著作丰硕，令文坛瞩目。一生撰著诗文有二十一种，共四十五卷，主要有《王百谷集》《晋陵集》《金阊集》等。著有传奇《彩袍记》《全德记》，在金陵剧坛颇有影响。

（13）《马鞍山》　明·吴祺

卓哉奇绝峰，佳气时融融。
孕兹一方秀，屹为诸山雄。
下极人楚丽，中藏石玲珑。
流盼旷原壤，信知造化工。

吴祺，明人，生卒年月不详。感叹于马鞍山的秀美奇绝与昆石的玲珑可爱，写诗称赞造化的神奇。

（14）《昆山石歌》　清·归庄

昔之昆山出良璧，今之昆山产奇石。
出璧之山流沙中，产奇石者在江东。
江东之山良秀绝，历代人才多英杰。
灵气旁流到物产，石状离奇色明洁。
神工鬼斧斫千年，鸡骨桃花皆天然。
侧成堕山立成峰，大盈数尺小如拳。
奇石由来为世重，米颠下拜东坡供。
今日东南膏髓竭，犹幸此石不入贡。
贵玉贱石非通论，三献三刖千古恨。
石有高名无所求，终老山中亦无怨。
世道方看玉碎时，此石休教更衒奇。
嗟尔昆山之石今已同顽石，不劳朱勔来踪迹。

归庄（1613—1673），一名祚明，字尔礼，又字玄恭，号恒轩，又自号归藏、归来乎、悬弓、园公、鏖鏊钜山人、逸群公子等，明末清初昆山（今属江苏）人。明代散文家归有光曾孙、书画篆刻家归昌世季子。明末诸生。与顾炎武相友善，有“归奇顾怪”之称。顺治二年（1645），在昆山起兵抗清，事败亡命为僧。善草书、画竹，能文，诗多奇气。后人辑有《归庄集》《归玄恭文钞》《归玄恭遗著》等。

（15）《马鞍山三十韵》之一　　清·归庄

马鞍特陡拔，西北倚昆城。
势压委江边，疆连茂苑平。
崇岗仍坦迤，绝巘自峥嵘。
梵宇林端出，浮图云外擎。
危崖森古木，旷域丽雕甍。
湖荡千舟网，原田万藕耕。
凭高从野客，搜穴待山精。
磊砢生奇石，玲珑类斫成。
室中髹几供，花下古盆盛。
往代多人物，先朝益挺生。
文庄勋绝大，恭请望尤清。
理学庄渠著，文章太仆名。
皇舆当败绩，臣节竞垂声。
不是凭灵秀，安能产俊英。
胜区传自古，美景废于兵。
丘壑原无改，楼台半已倾。

名山多奇迹，卷石且娱情。
自少携尊数，虽衰振屐轻。
林花然骤雨，谷鸟唤新晴。
乘此探幽好，兼之眺远明。
桃源窥洞窄，凤石叩声铿。
文笔峰千尺，玉泉井一泓。
阳城春水阔，秦柱暮云横。
村落何皇后，园亭顾阿瑛。
高篇东野唱，古调半山赓。
城市虽难隐，岩峦孰与争。
残阳扶杖送，皓月倚楼迎。
林下宜棋局，花间称酒觥。
山形同立马，人意似悬旌。
自笑空飘泊，穷年何所营。

(16)《登马鞍山》　清·陈竺生

朗然玉山行，玉山迥绝俗。
中润含粹温，外朴谢文缛。
秋风扫晴翠，凌空造起伏。
取径陡层巅，路仄步移促。
深丛绿几团，因树便为屋。
我来十日游，朝夕踏山麓。
俨作裴叔则，已是非分福。
薜荔者谁子，见示玲珑玉。

买得一卷归,温润若新沐。
自诧两袖底,居然腾海岳。

陈竺生，字松瀛，清昆山陈墓（今江苏昆山市锦溪镇）人。道光五年（1825）举人。好学强记，诗词皆成卷，骈体文尤工。书学赵孟頫，得其神似。有《陈松瀛遗集》文三卷、诗词五卷。

这些诗文，文采飞扬，描述生动，借石抒情，托石言志，不仅有极高的文学价值、历史价值，也弘扬了昆石文化。昆石能跻身于中国古代四大名石之列，文学家的作用不可低估。

从昆石诗的内容，我们可以看出，昆石在历代社会生活中，确实起到了陶冶情操的作用，满足了人们观赏、休闲、怡情的要求。

诗人通过对昆石的赞美，流露出对马鞍山和昆石无比的眷恋与钟情。借昆石的纯洁之美，抒发脱俗高尚的意气，表达洁身自好的志向。也有的则表达了隐逸之情、不遇之憾，以及愤世嫉俗的态度。

纵观古代文人对昆石的审美，大致都是欣赏、歌颂，还缺乏对个性美的赏石悟理的表达。另外，关于昆石的鉴评标准，历代文献都没有涉及。这就给我们今天如何弘扬传统文化，在不断创新中，推动昆石文化研究向纵深发展，提出了崭新的议题。

二、摆在我们面前的课题

弘扬昆石文化,首先必须建立在传承的基础之上。最好的传承，是在继承的同时，不断创新。如何创新，我们可以在以下几个方面努力。

在保护自然环境的大前提下，拓宽昆石资源渠道，解决资源枯竭的问题，无疑是摆在第一位的。同时要做好昆石文化的研究工作，特别是鉴评的理论研究，进一步提高赏石艺术水平。要充分认识昆石文化的意义，特别是要解决重昆石、轻文化的的问题。在这基础上，广泛开展昆石文化的宣传工作。让更多的收藏者热爱昆石，赞美昆石，珍惜昆石，使之成为一张真正的绚丽的城市名片。

1.昆石资源的问题

昆石的开采，已经有一千余年的历史。由于历代保护工作做得比较好，马鞍山的生态环境并没有受到破坏。尽管如此，偷采昆石的现象依然没有绝迹。一方面是人们对昆石文化崇尚的需求，一方面是保护山体、禁止开采的严格规定。这是摆在我们面前的一对难以缓解的矛盾。那么，是不是还有其他途径可以探索呢?

沿用固有的思维，似乎我们只有两条路可走：一是有所开采，以发掘资源。一是限制交易,倡导展示和研究。事实上,这些年间,不少收藏者开始探索第三条道路，即在全国各地寻找昆石资源，目光不再局限于只有八十多米高的马鞍山。浙江余杭昆石、福建龙岩昆石、安徽埌玡昆石，已不断进入昆石观赏的队伍。尤其是浙江余杭昆石，已经引起了许多石友的收藏兴趣。

一段时间，不少收藏者思想保守，认为只有昆山市马鞍山中所产昆石，才是正宗的，而其他地方的昆石，是假昆石、类昆石，上不了台面。显然，这种观点过于局限。随着中国观赏石协会颁发《关于观赏石石种命名原则》的文件，以及配套的《观赏石石种命名指南》，规定了岩石类观赏石的命名原则和方法，也就是说，在石种名的前面，必须加上地域名。这样，浙江、福建、安徽的昆石，就可以名正言顺地加入昆石队伍了。

当然，不少收藏者中尚存在重产地、轻质量的倾向。在昆石文化研究中，是一个值得认真思考的课题。

无疑，昆石作为一种不可再生的资源，随着时间的推移，只会越来越少。而自然环境的保护，是国策大事，没有哪个地方能够例外。在这种状况下，昆石不可能无限制开采，否则资源枯竭的矛盾将愈演愈烈。那么，我们所能做到的，就是在弘扬非物质文化遗产的基础上，一方面保护资源，一方面提升展览、研究的水平。

2.扩大昆石文化影响力

进一步弘扬昆石文化，必须扩大昆石的影响力。昆石曾经是中国古代四大名石之一。这个古代，讲得宽泛些，指的是宋元明清时期。然而到了当代，它还有怎样的地位？能算老几？没有谁可以回答这个问题。特别是近些年，在市场这双看不见的手的推动下，奇石观赏活动风起云涌，各地出现不少优秀石种，各有优势，各领风骚，梁山英雄恐怕很难排得出座次来。然而，我们必须看到，昆石的文化优势地位从未改变。

由于资源的限制，昆石与其他石种相比，只能算是一个小石种。然而昆石的文化内涵十分丰蕴，且流传有序。从文化层面看，它始终处于观赏石群体的前沿，在陈设艺术、观赏理念、石德境界诸方面，引领着时代潮流，从未滞后。这正是昆石影响力的强大之处。

然而，我们应该看到，昆石的审美鉴赏也存在一些短处。

昆石的审美，究竟是欣赏其自然美，还是偏向于工艺美？这是一个很简单的问题。但实践中往往会取舍不一。“精雕细琢”或许可以算是一种传统的工艺，适用于许多艺术品的加工。但对于昆石,“精雕细琢”就未必准确。什么地方可以凿,什么地方不该雕，常常引起石友们的激烈争论，甚至成为一个学术争议的课题。讲得透彻一点，某件在全国展览中获得了金奖的作品，藏家敢在评委面前讲实话，从石坯到成品，究竟是如何处理的呢？“天然去雕饰”“天开图画”是评判一件好昆石的最高标准。某些昆石，这个洞是打出来的，那个形是凿出来的，仅仅因为评委没有考察出加工的痕迹，才给了一个金奖。

事实上，由于资源所限，天然完整的昆石已不复可见。外形的不和谐,已是普遍现象。观赏石国家鉴定标准对于必要的“加工”如何界定，如何评判，恐怕要作深入的研究。

3.提高赏石艺术水平

观赏者必须对昆石独特的结构美，作出全面的了解，这是提高赏石水平的关键。由于各人的文化修养、审美意识、审美经验有所不同，对美的感受也有所不同。美，是客观事物的美与主观审美意识相互作用的产物。审美意识的产生,取决于人们如何去观察，如何去理解。这里，审美经验往往会起到重要的作用。审美经验的获得，由审美对象（昆石）激起，在人们的内心世界与昆石美感之间，相互交融、相互作用，产生特殊的体验。审美经验的产生，是一个复杂的心理过程，也是一个不断修正、逐步积累的过程。

审美水平的提高，就是审美经验的不断积累。积累，即是不断发现、不断探索昆石内在的意蕴。要对昆石作全方位、深层次的观察，找出那些比较隐秘的、复杂的，过去从未发现的昆石个性的理性美。对于这些个性的理性美，要反复品味、反复验证，才能透彻领悟其精粹所在。在这个过程中，要结合自身的经历、自身的经验,产生新的领悟。只有这样才能不断提高赏石艺术水平。

当然，这是理论上的说法。在实际操作中，该如何进行呢?

首先必须深刻了解昆石独特的结构美。这指的是石体内部独特的形式美，即昆石的主体美。一般观赏者认为，昆石外形的千变万化，是昆石的主体美。这种说法是不可靠的。昆石的结构美，指的是石体内部微观的缩景艺术美。能全方位、多角度欣赏的全立体空间艺术品，完全是大自然的杰作，鬼斧神工，非人力能所及。昆石这件缩景艺术品，建立在晶莹洁白的质感美和色泽美的基础上。要全面了解昆石的结构美，必须在放大镜下仔细观察，才能深刻体会石体内部以小见大的微观世界。

昆石的结构美，其实是复合的，包含着相关的支脉。除了质感美、色泽美、缩景艺术美之外，还涉及审美主体的情操、涵养、知性等等。但决定结构美的优劣，石质是基础，空灵的结构是关键。昆石的石质必须晶莹洁白，而空灵的结构变化程度，决定昆石缩景艺术水平的高低。

我们要提高赏石艺术水平，最直接的就是要学会认识昆石，从感性审美上升到理性审美。昆石的缩景艺术，具有丰富深远、能引发人们无穷想象的境界。这种境界，是人的思想感情与昆石文化相互碰撞、高度融合的结果。这是人的思想情感渗透、融化到景物中，产生景物和情感、显示和理想的交融，得到赏石悟理的结果。

具体地讲，我们可以从观赏性、艺术性、思想性三个方面，去挖掘昆石的形式美、艺术美、石德美，触摸到昆石深层次的美学内涵，从而提高赏石艺术水平，领悟昆石文化的精神所在。

昆石文化的核心价值是道德文化。自古以来，人们以石会友，拜石为师；雅石赏心，美石悦目；读石入境，品石悟理；借石抒情，托石言志；觅石修身，藏石养性；敬石明德，爱石惟馨。以石德作为人的道德准则，赏出石德美，悟出人性美。

昆石的外形，并非昆石的主体美。为什么这样讲？我们在鉴赏昆石时，首先要看它的石质与内部结构。这是昆石的灵魂。假如一方昆石形态相当好，但是石质粗糙，没有玉质感，色泽暗淡，结构不空灵，你能说它是精品吗？这根本不难回答。反之，有一方昆石，虽然形态一般，但是石质晶莹洁白，结构玲珑剔透，你能不喜欢它吗？这意味着，它内部结构的独特之美，足以将人打动。

昆石的外形不能作为主体美的另一个原因是，按照观赏石鉴评的国家标准，对造型石的形态有着明确的规定。其对形态的要求是“指观赏石的几何尺寸，外部形态，鉴评中重点考察形态奇特、形象逼真、寓意深刻及石体的完整程度”。按照这个标准，那么昆石只能退出赏石界。因为对于昆石来讲，石体的完整几乎不可能。哪怕有一方昆石，石坯相当完整，在冲洗过程中难免发生碰撞，产生断裂。何况绝大部分石坯是从岩石母体采凿下来的，凿痕难免存在，无以符合“国标”关于完整度的指标。昆石的石体，很可能出现断面，有的甚至一个面都是断面。昆石之所以能称为“奇石”，为人们所推崇，主要是奇在石体内部具有独特的结构美。

在观赏石中，有些石种的主体美肯定是完整的，主体美是绝对天然的。但是它们的缺陷也是与生俱有。例如经过切底的山形九龙壁、石体经过打磨的图纹石。这些石种为什么能得到石界的认可？因为山形石的主体美是山的形状，图纹石的主体是图纹。虽然其石体部分或全部是不完整的，但其主体美是天然的。所以，只要昆石石体内部结构是完整的，可以不计较外形的完整程度。在鉴评过程中，从昆石特性出发，侧重于考量内部结构，而不苛求外部人为断裂面的多少。

4.关于鉴评标准的探讨

对昆石的鉴评，必须建立在兼顾“传统”和“现代”两个标准的基础上。如果生搬硬套这两个标准，就有可能无法精准地把好昆石的鉴评关。在现在所有的鉴评标准中，根本没有考虑到对石体内部结构的鉴评。正因为如此，我们很有必要为昆石建立一套行之有效的鉴评方案，以确保昆石的鉴评走上合理轨道。

当前昆石鉴评的原则，包含在传统和现代审美准则的范围内。对于一般观赏石,这些标准确实有很大的实用性。可是对昆石而言，由于没有涉及主体美的特殊性，无法鉴评内部的结构美，因此存在严重的不足。这是必须要认真思考的问题。

我们不妨先来看看传统审美的“瘦、皱、漏、透”。其审美的方向，是把“形”和“纹”结合起来，作为重点考核内容。可是这样一来，忽视了对“色”和“质”的考核。事实上，昆石晶莹的质感美、洁白的色泽美，正是不可或缺的审美要素。自古以来，凡是跟昆石有所接触的人，都明白“瘦、皱、漏、透”的重要。那么，是什么原因使“色”和“质”不被关注呢？因为中国古代四大名石除了昆石以外，石质都是以碳酸钙为主，唯独昆石的石质是以二氧化硅为主，它能呈现出比其他名石更加鲜明的“色”和“质”。如果按照昆石对“色”和“质”的要求，来评价其他奇石，同样也是不合理的。

传统审美虽然也谈到“漏”和“透”，但这两个字只传达了模糊的概念，流于表象，对于石体内部结构的美，无法作透彻分析，仅仅注意到了洞穴间连通的现象。对于石体内部结构形态的变化、结构空灵程度的变化、结构缩景艺术的变化，都没有提出详细的鉴评要求。

再来看看现代审美的要求。首先，审美标准重点考核的是“形、纹、色、质”。在鉴评过程中，一般是把这四个要素分开来，单独进行考核的。拿“形”来讲，按照国标对“形”的要求是“指观赏石的几何尺寸，外部形态，鉴评中重点考察形态奇特、形象逼真、寓意深刻及石体的完整程度等”。对照“国标”，昆石的外形难以达到其要求。而从另一个角度看，“国标”对于“形”的要求，考虑到绝大部分石种，并未涉及昆石内部结构形态的考核，没有顾及其特殊性，这是有失公允的。

“国标”对于“质”的要求，是“指观赏石的致密程度，矿物颗粒大小、石体的润、涩感觉，以及石肤是否存在等”。而昆石对“质”的要求，重点是考核石质的纯净度。纯度，是指石质成分二氧化硅的纯度。净度，是指石体内部无杂粒和杂色。石质纯净度的高低,是考核昆石优劣的重要指标。而“国标”对于石质的鉴评，则尚未提出“纯净度”这项指标。

关于“色”和“质”，昆石与“国标”的要求没有矛盾。

综合以上情况，不管是传统还是现代的审美准则，以及观赏石鉴评国家标准，与昆石的鉴评都有一些差距。关键在于没有注意到昆石石体内部具有独特的结构美。所以，重新对昆石鉴评提出新的行之有效的鉴评标准，势在必行。

从某种意义上说，昆石是一件全立体、全方位的天然的透雕缩景艺术作品。对它的鉴评，必须围绕结构美展开，也就是通过结构美所包含的形式美、艺术美、石德美这三个方面来考核。形式美和艺术美是感性的，石德美则是理性的。感性的美，可以通过鉴评直接得出结论，而理性的美是建立在感性审美的基础之上，由于审美意识的不同,产生不同的理性审美。这里既有统一的认识，又有不同的侧重点。

对鉴评而言，审美的最高境界是理性审美。因此昆石的鉴评，重点是鉴评昆石的形式美和艺术美，涉及审美意识、审美水平、审美情感、审美联想、审美悟理等各个方面，是从感性审美上升到理性审美。所以说，鉴评应建立在审美的基础上，只有正确的审美结论，才有可能得到正确的鉴评结果。

昆石的鉴评，总的指导原则是关注昆石的观赏性、艺术性和思想性。鉴评重点考核昆石的形式美、艺术美、石德美三个方面内容。具体鉴评要素，是石质的纯净度、结构的空灵度、石体内外的完整度。在这基础上，再作综合考虑，如石体的外形、大小、品种的稀少性，以及命题的质量和石座配置的质量等。只有充分考虑各方面的因素，才能评判昆石的完美程度。

昆石晶莹洁白的形式美，可以通过石质的纯净度来考核。具体要求是：石质晶莹，温润如玉，色泽洁白，透光性好，硬度较高，没有杂粒和杂色。这些最好用放大镜来观察，这样更能发现问题。

昆石玲珑剔透的艺术美，是通过石体内部结构的空灵度来考核的。空度，是指石体内部洞穴的大小和多少。灵度，是指石体内部洞穴形态和缝隙贯通的变化。昆石玲珑剔透的程度，决定昆石结构美的艺术水平，具体则通过空灵度来考核。

石体的完整度，在鉴评过程中，重点考核内部结构的完整程度，特别是有没有人工雕琢的痕迹。这是区别该昆石是属于奇石，还是归于工艺石的关键，是一个从量变到质变的界限。为了去除杂粒，偶作雕琢，当情有可原；刻意打洞，就弄巧成拙了，这也是决不允许的。对于昆石的外部形态，只是要求其完整程度越高越好。根据具体情况，以减少断裂面为原则，着意作适当处理。要从宏观上权衡得失。现在我们所见到的昆石,石体外表的断裂面，只是多少的问题。所以鉴评时可以根据人工断裂面的多少，给予合理的评判。但重心还是应该放在鉴评内部结构的完整度上。

昆石鉴评的三个要素，都涉及一个“度”字。所谓“度”，就是达到审美标准的程度,鉴评时应该掌握的尺度。至于“纯净”“空灵”“完整”这些标准，不可能是绝对的，只能是相对的。特别是各个小品种之间，要求略有差异，很难统一标准。例如鸡骨峰与海蜇峰对空灵的要求就不同。前者较空旷,后者变化大。在鉴评中，我们只能分辨出某个要素相对的高下优劣。这犹如对于艺术品的评比，往往是仁者见仁，智者见智，需要作合理的反复的权衡。

对昆石石德美的鉴评，既是考核昆石形式美和艺术美的质量，又是考核审美主体赏石悟理的水平，难度更大。这可以通过对昆石的命题和赏析质量如何来考核。

除此之外，还有一种最简单也是最不容易被人理解的鉴评办法，这就是观察该方昆石的德性如何。必须是懂得昆石石德的人，才会赞同这种办法，并分辨出其品质优劣。这是一种反证法。因为悟不出石德的昆石，一定不具备形式美和艺术美。

鉴评过程中，还有一些值得探讨的具体问题。比如怎样判断一方昆石属于奇石，还是工艺品。现在某些昆石的石体内部，留有不同程度的雕琢痕迹。以这些现象来判断昆石是否属于奇石，尚没有一个具体的量化指标。究竟结构美被破坏到什么程度，才转化为工艺品，也没有标准。昆石的精品，显然绝不存在雕琢的问题。品味一般的昆石，石体内难免会有雕琢痕迹。但我们依然称之为"奇石"。假如为了造型而刻意打洞，破坏了石体内部空灵的程度，留有明显的雕琢痕迹，那就不能称为"奇石"了。

我们应该正确理解精雕细琢对于昆石审美的意义。关于这个问题，要掌握的原则是，必须确保昆石主体美的天然性，即石体内部结构的完整性，绝对不允许改变其原始面貌。至于可见的杂粒，必须精雕细琢加以剔除，同时要防止洞壁石肤受到损伤。如果为了石体玲珑剔透，刻意打洞，破坏了结构，这就涉嫌作假了。在减少石体外部断裂面的前提下，权衡利弊，力争得到事半功倍的效果。

显然，一般观赏石是实心的，不可能做到这一点。

根据上述种种论述，我们可以得出一个结论：一旦破坏了昆石的主体结构，它会从奇石转化为工艺品。如果对昆石的外形巧修有度，则仍然是奇石，只是品位有高下之分罢了。

在实际操作中，如何鉴评客体完整度，发现人为加工的痕迹，特别是区分天然断裂面与加工产生的断裂痕迹，始终是一件非常困难的事情。所以，许多赏石家对其他观赏石具备高超的鉴评能力，唯独对昆石有可能产生误判，原因就在于此。当然，鉴评的技术标准难于确定，也是一个方面。

关于用盐酸处理昆石石坯的问题，也不容忽视。有不少原本认为无法加工的石坯，内部含有大量的碳酸钙成分。从表面看，这是一块实心的石头，俗称“油灰石”。按照常规清洗，是无法取得理想效果的。现在市场上出现了一些用盐酸处理过的昆石。从保护环境的角度看，是不可取的。从表面看，其石体内部结构玲珑剔透，简直到了难以想象的地步。但是其硬度已有不同程度的下降。究竟下降了多少，则跟石坯的质地，即所含二氧化硅的纯度有关。如果纯度比较差，其硬度必然会有明显下降。通俗地讲，好似翡翠中的 B 货。

用盐酸等强酸来处理昆石，是一个既成事实。对于这种行为能否被社会所接受，是一个原则问题，很值得研究。

经过强酸处理的昆石，一般来说是能够分辨的。它们的石质硬度下降，有的捧在手里抖动，会有细小的石屑如雪花一样飘落下来。石体的峰头格外尖锐，很容易折断。显然，由于这类昆石已经失去天然石质，不再属于天然艺术品。但是，也确实有极少数这类昆石，先天石质非常好，虽然经过盐酸处理，保留下来的石体，质地晶莹洁白，与未经盐酸处理的昆石没有明显差异，符合鉴评要求。所以还是可以得到认可。然而，严格处理废水，保护生态环境，是必须要一丝不苟做到的。否则，昆石的石德就被赏石者自己破坏掉了。

至于对特殊类型的昆石的鉴评，不能按照常规鉴评标准进行。由于历史的原因、珍贵小品种稀少的原因，个别昆石具有独特的人文价值和审美价值，必须给予特殊的对待。

例如，昆山亭林园昆石馆内的“春云出岫”“秋水横波”这两方庭院石，据地方史料记载，是明代遗珍，至今已有四百多年历史。原是顾亭林先生祠故物。祠堂建于清代中期,位于玉山书院旧址（今培本小学），抗日战争前夕迁徙至亭林园内。这是江南庭院石中的一对稀世珍品。但是如果按照当今观赏石鉴评标准，其石质的纯净度和石体的空灵度，绝对是不合格的。人为加工的痕迹也比较明显。我们为什么还称之为“稀世珍品”呢？关键的一点，是它们承载历史，流传有序，具有无法替代的文化内涵，形态颇有特色。其人文价值不可小觑。

民间也藏有一些古昆石。虽然难以找到明确的历史记载，但它们的石肤已经形成浓厚的包浆，少了晶莹洁白的特征，却因为岁月久远，增加了别的昆石不具备的古朴感，另有一番珍贵的文物价值，非常值得欣赏。顺便说一句，在鉴别古昆石的真实性时，我们应该多花一些功夫，特别要注意老断面上的包浆成色。

还有一些昆石，称不上“古昆石”，但也有一些年份。令人遗憾的是局部加工痕迹太明显，谈不上完美。但是由于这些昆石属于名贵小品种（薄片鸡骨峰或雪花峰），存世极少，几乎灭绝，所以从特殊角度考虑,还是有一定的价值。犹如我们收藏元青花瓷片，虽然不是完整的艺术品，仍然具有一定的艺术欣赏价值。

不同类型的昆石，只有在适当的环境中，才能体现出各自的审美价值。有一类昆石，虽然不具备常规的审美条件，质量欠佳，然而它的体量较大，不易损坏，这就形成了优势。我们可以作为庭院石来使用。正因为所处环境不同，我们对它的审美要求也该有所不同。如果将一方适宜摆放在案几上的昆石，作为庭院石来处理，也是不合适的。它体量太小，不起眼，也经不起风吹雨打，极容易被损坏。昆石必须与周围环境相协调，与身边的文化氛围相契合，才能充分显现美感。

三、如何弘扬昆石文化

昆石文化，是一种具有地方特色的传统文化。其珍贵的文化价值，重在提高人的道德修养，推动社会精神文明建设。现在，收藏昆石的人已经不少，喜爱昆石的人就更多了。然而，一些人对昆石的认识，流于表象。对于“石德”“赏石悟理”之类，往往没有引起注意，甚至一问三不知。那么。我们应该怎样来弘扬昆石文化呢?

1.昆石审美的现状

如今，昆石爱好者大多数还停留在感性审美的初级阶段。其原因是仅仅满足于拥有昆石，不懂得从文化层面理解昆石审美的意义。很多人把收藏昆石作为一种业余爱好，通过各种途径得到昆石，作为一种摆设，以点缀居室环境。也有人把昆石作为礼品，赠送给亲朋好友。作为商品交易的也并不鲜见。这样的做法，谈不上从感性审美上升到理性审美，也就无法感悟昆石文化的博大精深。

昆石文化的研究与传播，长期在较低层次徘徊，难以形成理论体系，深入到赏石艺术堂奥，原因大致在于此。

一方昆石，如果缺乏行家的鉴赏，单纯地走马观花，那么它永远只是普通的石头。古人说："世上岂无千里马，人间难得九方皋。"这是指有赖于鉴赏者的真知灼见、锐利目光，千里马才能脱颖而出。昆石的鉴赏同出一理。只有揭示昆石所蕴含的人文内涵，它才有可能变成具有欣赏价值的宝物。所以,昆石审美是一门学问。对于不懂得审美的收藏者，也完全可能双手捧着宝，仍不知宝在何处的。

鉴赏昆石的过程，往大处说，涉及哲学、美学、文学、宗教等多个范畴的文化体系，涉及赏石者的学识水平。固然，看待事物的角度不同，每个人都可能有每个人的审美结论。但是审美水平的提高，却是摆在我们面前迫切需要解决的问题。假如只停留在感性审美阶段，我们凭什么来弘扬昆石文化?

2.关于理性审美的探讨

昆石的美，总是以具体生动的感性形态，出现在我们的面前。自然，它所表现的自然美，还是属于浅层次的，只能给人以直觉的美感，毕竟缺乏引人入胜、发人深省、令人回味的深层次内涵。

而作为感性审美延续的理性审美，是一个从物质到精神、从直觉到情感的心理活动过程。我们眼中所见到的昆石，与心里所感受到的情趣相遇，产生快感、美感，激发美的联想，形成美的意识，得出美的结论，从而抵达较高的艺术境界。

古今审美意识的演变，是随着社会环境、文化趋向、民间风俗的变化而演变的。还是以观赏石的审美为例。这些年随着新的石种的不断发现，传统审美意识中的“瘦、皱、漏、透”，已不能解释以红河石为首的水冲石的审美特征。“红河石”这一类石种，与玲珑剔透无关，更谈不上“瘦、皱、漏、透”。它以明快、沉稳为主的新潮流造型,吸引了广大赏石爱好者。于是,从“形、纹、色、质”四大要素出发，形成了崭新的审美意识。这是在传统基础上的创新与突破，说明传统的赏石观念在某些方面确实存在局限性。

由于昆石具有独特的缩景艺术结构美，这一崭新的审美意识，又使得古今两种审美意识，乃至观赏石的国家鉴评标准，都显现出了不完善的地方。传统的审美意识,缺少对昆石的质和色的审美。现代的审美意识，只关注石体外部的形态，没有注意到对石体内部形态的考核。而昆石的立体美，恰恰是石体内部独特的结构美。所以，随着时代的进步，审美意识的不断发展也是一种必然。

审美联想，是指由审美对象（昆石）与审美者跟昆石有关的记忆的联想。大体可以分为接近联想、相似联想、对比联想、关系联想等。

审美意境，是比这更高层次的心理活动。意境与联想的不同之处，在于联想是由审美对象引发到另一个对象，而意境则是在审美对象的基础上，通过人们的想象，按照美的规律，对审美对象进行加工，创造出新的想象，即崭新的审美意境。

在联想和意境的产物中，都渗透审美主体浓厚的感情色彩。往往同审美对象相互融合，达到情景交融的境界、物我两忘的境界。这在审美活动中有着举足轻重的地位,可以使人拓展审美境界，丰富艺术形象，获取最大程度的审美享受。

审美联想和意境，同以下几个方面有关。

首先是同审美对象有关。要看审美对象是否具备美的内涵。只有具备美的内涵，才能引起审美联想和意境。

第二是同审美角度有关。不同的审美角度，不同的欣赏方式，会产生不同的审美联想和意境。

第三是同审美水平有关。审美水平低的人,其想象力不够丰富，只能产生肤浅的联想。审美水平高的人，则反之。

第四是同赏石造型有关。不同的立型有不同的形态内涵，会产生不同的审美联想和意境。

第五是同赏石的命题有关。命题的优劣会直接影响审美联想和意境。好的命题，能引人入胜，将审美联想推向美的意境，从而实现赏石悟理的效果。

赏石悟理，是理性审美的最高层次。通过理想审美，得出一个审美结论，也就是对客观的审美对象所下的结论。同时，审美者自身也有所反应、有所启发、有所收获。审美者之间的赏石悟理程度会有所不同，每个人在不同状态下的赏石悟理，也可能有所变化。这里有一个从量变到质变的问题。随着审美经验的积累、审美水平的提高，赏石悟理也将逐步深化。

例如对赏石的审美，开始时可能只是一种爱好，一种消遣，只觉得有些美感。但是经过各种赏石活动，逐步发现不仅仅具有对自然美和艺术美的欣赏，还能从中悟通某些人生哲理。在审美过程中的反复品味，逐步深化，会产生对社会、艺术、人生的新的领悟。

赏石悟理有三个过程，即移情、悟理、养性。

移情，就是通过借物传情或触景生情，使人们在欣赏自然美、表达内心情感时，更加深刻理解。托石言志，就是一种移情的过程。

悟理，就是悟出人生哲理，达到心灵与石性的融合、人性与石德的贯通。传统的赏石观念，向我们展示人类与大自然休戚相关的深刻哲理。即瘦可见骨，去腐存精；皱可见纹，历尽沧桑；漏可见洞，富有深意；透可见光，清澈可鉴；清为秀丽，美观大方；顽有操行，刚烈顽强；丑极为美，超凡脱俗；拙朴为真，大智若愚。如能这样地悟理，无疑是赏石的最高境界了。

养性，就是通过赏石悟理、以石为友、拜石为师、以石为鉴、修身养性、陶冶情操、涤尘净心而提高修养的过程，培养耐心和爱心，使人们的思想抵达新的境界。好的奇石有高洁无暇的情操，坚贞不卑的品德；不哗众取宠，不柔媚悦人，不弄虚作假，不动摇变节，不吝惜自身。这许多石德，无疑也是做人的道德准则。所以，赏石养性能使人的道德修养不断得到提升，焕新精神面貌。

3.发现问题,落实措施

当前，我们所面临的最大问题是，很多人重视昆石的观赏价值、经济价值，却轻视其文化价值。

必须懂得的一个道理是，一味追求藏品的多少和精美，只是数量上的积累，虽有一定的审美价值，毕竟有限，收藏者不过是保管员而已。一味追求炫耀、消遣的乐趣，难以触及到赏石的真谛。当然，能够拥有一方精美的昆石，无疑是一件好事，然而懂得昆石文化的内涵，远远比拥有一方精美昆石来得重要。我们之所以热爱昆石、收藏昆石、赞美昆石，不仅仅单纯为了乐趣、为了消遣，作为摆设，更重要的是要以石为友，修身养性，陶冶情操，提升个人的道德品质，弘扬精神文明。昆石文化的核心，实际上是一种道德文化。

在感性审美方面，出现主次颠倒；在理想审美方面，不作深入研讨，这必然会让昆石的鉴评失去公道。只关心昆石的形态美，忽视昆石的主体结构美；只要求昆石越大越有气派，不讲究石质的纯净度、内部结构是否空灵，石体完整度如何；只要求石质的色泽越白越好，不观察其石质是否晶莹，是否温润，硬度如何，透光性如何；只注重石体空灵度如何，不考虑其洞穴的真实性；只关心石体是否玲珑，而不讲究石体晶莹剔透的程度；只关心昆石的产地是否正宗，不考虑它属于奇石还是工艺品；只考虑经济价值，不研讨文化价值。总而言之，这种种不同的审美方式，值得大家再三反思。

现在，关于昆石文化的研讨活动开展得很少。藏家们热衷于参加全国各地的石展。一个比较普遍的现象是，参赛的作品很少有藏家自己题名，大多是请文人捉刀。对昆石的赏析，普遍不足，甚至只字不提。这种现象，我们还可以在几个昆石展示馆内看到。昆石赏析的缺位，导致参观者流于表面，走马观花，难以得到理性的感悟。

如今，市区许多马路旁，有基建项目的地方，都会出现一道绿色围墙遮挡视线。有些上面配有几幅昆石的图案，注有“昆石”二字。这确实显得美观大方。但往深处想想，就可以发现，昆石在这里仅仅充任了一种标签。它并没有生命。然而，假如在昆石图案旁，加上“敬石明德，爱石惟馨”八个字，昆石文化的内涵就能得以体现了，这道绿色围墙的效果，顿时就发生了变化。这看起来并不难，却涉及了究竟应该如何认识昆石文化的问题。

弘扬昆石文化，靠的是热爱昆石的广大群众，靠的是各有关部门和各级领导的大力支持，靠的是作家、诗人、音乐家、戏曲家、广播电视工作者的共同参与。

关于学术研讨问题，需要熟悉昆石的收藏家，更需要热爱昆石的学者，共同为之努力。建议定期或不定期地召集各方面人士，开展学术研讨活动。通过理论研讨,集思广益,发现问题,有所创新，将昆石文化不断提升到新的层面。现在昆石收藏以民间组织为主、官方支持为辅。学术研讨也同样需要得到政府有关部门的支持。与此同时，可以通过电视广播、报刊杂志和新媒体，向社会各界宣传昆石文化。

一方昆石有一个命题，其中蕴含着较为深奥的悟理问题。我们应该采取多种方式，深入浅出、日积月累地做好宣传工作。如何让大众从被动转变为主动接受，通俗化的讲解和宣传，是一个值得提倡的问题。还可以深入社区、学校、工厂和基层单位，开展简易展览和文化讲座，与群众作面对面的交流。相信一定能收到理想的效果。

办好展馆，是普及昆石文化的重要方面。把好昆石质量关，把石质粗糙、缺乏结构美的昆石拒之门外，挑选精美的具有文化内涵的昆石进入展馆，是做好展示工作重要一环。

在展示时，不仅要给每方昆石命名，更重要的必须配上简短的赏析文字、相互映衬的诗词和书法绘画作品，使之形成浓郁的文化氛围。这是一个昆石文化的全方位展示，所有的艺术形式，都能相得益彰。事实上，古人的许多厅堂里正是这样做的。昆石在这里不仅是摆设，更是厅堂文化的点睛之笔。

我们可以举一个例子。明代文人、戏曲作家屠隆，为万历进士，曾任青浦县令。为政期间，“时招名士饮酒赋诗，游九峰、三泖，以仙令自许。然于吏事不废，士民皆爱戴之”。他常常游山玩水，却不误正事，受人爱戴，也算是官员中的另类了。他才思敏捷，诗作主性灵说。《明史》说他“生有异才……落笔数千言立就”，而且十分勤奋，举凡诗文、戏曲、博物，无不擅长。《考槃馀事》就是他的代表作之一。在这部杂学笔记中，有“盆玩笺”一章，论说盆景，他说：

……更须古雅之盆，奇峭之石为佐，方惬心赏。至若蒲草一具，夜则可收灯烟，朝取垂露润眼，诚仙灵瑞品，斋中所不可废者。须用奇古昆石，白定方窑，水底置五色小石子数十，红白交错，青碧相间，时汲清泉养之，日则见天，夜则见露，不特充玩，亦可辟邪。

一件上乘的盆玩，古雅的盆、奇峭的石、青碧的蒲，还有及时更换的清泉，缺一不可。昆石不止是玲珑剔透，要奇古不凡的。

在红白交错、青碧相间中，就像是一幅山水画了。

以上探讨了昆石审美和昆石文化。通过审美与石德的关系，了解到昆石晶莹洁白的色质美、玲珑剔透的结构美，体现出昆石的纯洁美和内涵美。这种石德之美好比人的思想美和道德美，但须从感性审美上升到理性审美之后，才能真正感受到。

关于审美和题名的关系，题名是建立在审美的基础之上的。由于昆石的形态千变万化，对昆石的审美可以通过体味意境和赏石悟理来进行理性审美。鉴赏者自身有所感受，有所启发，有所收获，从而以成语或典故为其题名。由于每个人的感悟不同，所以命名也不同。但其目的是一致的，就是修身养性，陶冶情操，提高个人的道德品质。

探讨昆石文化，溯源赏石历史，从中看到历代文人如何赞美昆石、托石言志。这许多传统的赏石文化，我们如何传承和弘扬？首先应建立评鉴标准，提高赏石艺术水平，不能停留在感性审美阶段，应重在理性审美的探讨。

我们应当认识到，昆石文化在精神文明建设中所起到的作用、在经济建设中所扮演的角色。如何正确认识和理解昆石文化，正是弘扬昆石文化过程中最亟待解决的问题。

诗文赞昆石

玉出昆冈

马鞍山上有珍宝，借玉喻人其志高。

叩拜尊师谒真谛，躬迎尤物不辞劳。

联想意境勿满足，悟理入神方自豪。

重在弘扬石文化，核心颂德冶情操。

〇〇一、凌绝顶 24×21×15cm

鸡鸣破晓雾，塔出半天云。
相伴有良侣，风神与雨君。

○○二、雪莲 28×27×26cm

薄暮湮松柏,寒山自古白。
清晖怀愫情,伴尔依危石。

〇〇三、留晖（荆文峰） 20 × 13 × 10cm

昔日荆文邀我去，出山赴宴醉难离。
千年酩酊今方醒，悄语唯闻他是谁。

○○四、武陵琼阁 36×28×24cm

武陵胜处有高山，阁在雾云缥缈间。
涧水松林峭壁下，慕名游客不思还。

〇〇五、八风不动 23×25×15cm

神兽尊容好威武，德隆望重镇中堂。
高瞻远瞩看四面，虎视龙骧望八方。
毁苦讥衰何所惧，誉称利乐不求强。
天长地久石依旧，四海升平默守望。

〇〇六、玉麒麟 20×16×12cm

夜来梦见玉麒麟，昂首来凡祥目瞋。
灯火万家何处去，唯听爆竹接财神。

〇〇七、曲径通幽 13×12×8cm

小径通幽分外静，墙边紫竹草如茵。
回廊曲折微风起，留醉院中多少人。

○○八、鹤鸣九皋 54×31×23cm

沼泽茫茫茅草盛，九皋深处鹤家乡。
夜鸣一曲再相见，日出高飞去远方。

〇〇九、神镂大吕 48 × 37 × 26cm

黄钟大吕是珍宝，玉振金声传醒声。
廉洁为公永牢记，问心无愧梦能惊？

〇一〇、琼楼玉宇 23 × 31 × 20cm

玉宇琼楼气势雄，堂皇富丽半山中。
人间胜地世稀见，不是仙宫胜仙宫。

〇一一、泰山北斗 62×38×22cm.

东岳晨登看日出，七星夜闪北高悬。
泰山北斗天公作，历代民间名美传。

〇一二、被褐怀玉 26×18×16cm

瘦脸长眉相有趣，神情木讷何人慕。
岂知盛德貌如愚，绝技身怀才不露。

〇一三、吉星高照 17 × 19 × 5cm

古时命运信星学,晴夜吉星天上寻。
欲问何时好运到,吉星高照福来临。

〇一四、尺幅千里 23×33×21cm

百里山峦缩咫尺，步移景换醉情浓。
莫愁五岭有多远，相见生情在此逢。

〇一五、孤峰独秀 27×18×16cm

百里山川峰独秀，剑峰直插逼云端。
竹溪曲径古松翠，水碧山青群鸟欢。

〇一六、怀真抱素 22×19×17cm

不薄纯真爱质朴,情操道德必为邻。
奉公廉直不忘本,抱素怀真不染尘。

〇一七、麻姑献桃 23×20×12cm

古时传说西王母，三月初三是寿辰。
吉日麻姑相祝贺，蟠桃美酒献慈神。

〇一八、冰魂雪魄 18×20×13cm

冰魂洁白胸开阔，雪魄晶莹襟敞亮。
清澈心灵不染尘，光明磊落德高尚。

〇一九、琅嬛福地 25 × 38 × 28cm

琅嬛福地神仙府，宫室嵯峨隐洞中。
满架陈书皆是宝，欲知万事问仙翁。

○二○、清风峻节 50 × 24 × 17cm

清风两袖平生志，气节坚贞称圣贤。
正直廉明德高尚，凝神远瞩九重天。

〇二一、津关险塞 29 × 29 × 12cm

砄路津关险要处，大山名塞扎兵营。
渡头关隘先锋守，风紧夜来闻鼓声。

○二二、**盘石之安** **33×23×13cm**

人才选拔不容易，重德看才是把尺。
不计功名重担挑，安邦治国如磐石。

○二三、钩深致远 27×22×20cm

钩深致远复思索，道理精微求广博。
知识才能无尽头，志向远大要开拓。

○二四、擎天玉柱 47×18×16cm

远古昆仑有八柱，托天立地建奇功。
担当重任谁能比，神话一番传说中。

〇二五、明月入怀 26×20×12cm

遥望明月当空照，洁白清辉情入怀。
尘世悠闲脱羁绊，胸襟开朗享和谐。

〇二六、以假乱真　35 × 23 × 12cm

昆石称奇要慎重,空灵结构必天成。
加工打洞充真货,造假令人分不清。

○二七、桃李不言 28×24×12cm

李桃树下自成路，果实甘甜花诱人。
不尚虚名看真相，无言桃李不争春。

〇二八、山溜穿石 29 × 16 × 15cm

滴水之功把石穿,一年半载难成全。
雄心依旧时光去,事在人为不靠天。

〇二九、洞见底里 21 × 15 × 9cm

洞见详情明事理，为人忠实显真情。
内心世界见肺腑，坦荡胸怀心必诚。

〇三〇、立贤无方 20×15×13cm

良驹自古无拘束，讲德看才选栋梁。
不论位高和卑贱，唯贤则立绝无方。

○三一、小决使导 17×18×10cm

大雨倾盆防堵塞，疏通水道莫徘徊。
忠言逆耳犹如决，口苦药良殃不来。

○三二、盛德若愚 25×17×13cm

盛德若愚人朴实，胸怀天下且心诚。
貌愚谦逊有才德，立业建功名不争。

〇三三、山高水长 22×26×13cm

山高气概昂，恩德不能忘。
日久识知己，情深比水长。

〇三四、上德若谷 39×25×18cm.

昨是少年今是翁，人情世故不相同。
唯知上德如山谷，受益一生情理中。

○三五、飞鸟之景 20×22×10cm

景字古同影,鸟飞生鸟影。
天高任尔翔,其影霎时静。

◯三六、行成于思 31 × 23 × 17cm

白云深处崎岖路，曲径几回都不知。
道绝崖前谁可上，行成自古在于思。

〇三七、冰壶玉尺 30×14×10cm

玉尺察廉清，冰壶洁白沉。
相看两不厌，德者得人心。

〇三八、鸾翔凤集 19 × 29 × 14cm

旖旎风光景色美，莺歌燕舞上青天。
鸾翔凤聚汇英杰，国泰民安年复年。

〇三九、冰清玉洁 22×20×10cm

人品冰清似玉洁，光明磊落节操高。
一生经历襟怀坦，不染纤尘方自豪。

〇四〇、白玉无瑕 23×16×12cm

无瑕白玉天恩赐，怎肯青蝇来带累。
石德岂容私欲污，一尘不染平生志。

○四一、初露头角　20 × 19 × 12cm

龙岩昆石质晶莹,初露芳姿把我惊。
洁白透光无可比,珍藏茅屋见心诚。

○四二、冰姿玉骨　22×21×15cm

心时忐忑感生疑，洁白晶莹何以思。
迟至今朝荆始识，请留一份靓才奇。

○四三、水洁冰清 24×22×12cm

晶莹剔透昆山石，绝代仙姿真自豪。
水洁无尘本清澈，冰清可见有情操。

○四四、见素抱朴 24×22×16cm

如何来做人，抱朴守其真。
怀素少私欲，心灵不染尘。

〇四五、物微志信 20×12×8cm

夏晨布谷催红日，秋夜虫吟找蟋蟀。
蚰蜒鸟鸣真及时，物微志信不能失。

○四六、云心月性 29 × 48 × 14cm

云为野客心，月作高僧性。
不慕利和名，人心看品行。

○四七、良玉不雕 44×35×17cm

玉良资质好，天赋貌容娇。
精巧无修饰，其姿何必雕。

◯四八、深藏若虚 38 × 35 × 25cm

立身处世礼为本，实学若虚名不扬。
道义奉行终如一，深藏怎肯露锋芒。

○四九、山峙渊渟　48×38×20cm

细品山渊把石议，端庄人格如山峙。
胸怀才德似渊渟，情景交融明石意。

〇五〇、廉而不刿 23×20×10cm

道德崇高品行正，廉隅锐利不伤身。
正言厉色心诚立，原则坚持岂刿人。

○五一、高山景行 35×20×12cm

光明正大有人仿，品德崇高受敬仰。
仰止高山何处是，人间正道最宽广。

◯五二、抱诚守真 38×25×20cm

心诚志抱定，实意有真心。
讲理守原则，知音不虑寻。

〇五三、大智若愚 25×19×15cm

人才选拔要公正，不可以容来审评。
大智若愚如有德，此人绝对是精英。

○五四、福地洞天 30 × 35 × 20cm

福地洞天仙界居,名山胜景谁来比。
春风又绿数苏杭,大地回春来媲美。

〇五五、昂霄俯壑 33×28×18cm

耸壁倚天立，深渊松柏中。
九微灯火灭，看取曙光东。

○五六、冰肌雪肠 36 × 33 × 20cm

洁白冰肌比玉洁，不愁炎热把其融。
雪肠纯洁尘不染，何惧澡身寒冻中。

〇五七、龙马精神　22×18×10cm

铁骨铜肌目闪光，精神抖擞气高昂。
雄姿龙马诚者见，迥立天门望四方。

○五八、仰不愧天 26 × 22 × 15cm

抬头仰望看苍天，屈指人生数十年。
自问心中可有愧，夜来心正好安眠。

○五九、傲骨嶙嶙 54×43×26cm

势似孤峰一片成，山崖绝壁上天生。
嶙嶙傲骨有刚气，屹立厅堂把客迎。

○六○、颜筋柳骨 31×18×15cm

玉立厅堂耀四壁，雄浑筋脉显颜工。
秀姿骨骼由柳作，神韵蕴含奇石中。

○六一、气冲霄汉 20 × 17 × 15cm

凌霄壮志气，气魄大无畏。
直上九重天，精神诚可贵。

〇六二、气贯虹霓 20×14×12cm

晴空万里雨初霁，但见云霓多艳丽。
穿破长虹知是谁，旺盛气势贯天际。

○六三、气盖山河 21×14×12cm

满腔热血山河盖，立业建功争抢先。
报国忠心匹夫责，敢教壮志上青天。

◯六四、干霄凌云 41×30×20cm

崇高志气冲霄汉,卓越全凭苦练勤。
坎坷前程不可测,决心抱定自凌云。

〇六五、怀珠抱玉 26×15×10cm

美玉珍珠皆可爱，珠光玉色显真身。
怀才抱德唯贤者，似玉如珠不染尘。

○六六、一飞冲天 30 × 20 × 10cm

飞鸟入云霄,盘翔鸣妙语。
闲来定曲声,腾起奏新序。

○六七、傲雪凌霜 28×30×16cm

梅花喜欢漫天雪，疏影琼枝意气浓。
雪压霜凌何所惧，嫣然一笑自从容。

◯六八、拔地倚天 38 × 45 × 24cm

拔地倚天几万仞，路遥坎坷勿须愁。
若能悟出登山趣，远胜千山万里游。

○六九、澡雪精神　22×19×12cm

银装素裹压琼枝，挺立昂然疏影俏。
地冻天寒雪澡身，英姿一展向天笑。

〇七〇、镂月裁云 33×34×12cm

镂月功夫绝，裁云技巧神。
人间何处见，可问梦中人。

〇七一、风骨峭峻 36 × 25 × 10cm

为人讲骨气，人品勿容疑。
峭峻见刚直，此君为我师。

○七二、飞燕游龙 31×18×15cm

飞燕堂前小鸟嬉，游龙轻捷谁能比。
厅中一石好稀奇，恰似游龙飞燕戏。

○七三、琼枝玉树 20×18×10cm

腊雪纷飞峭壁边，琼枝玉树笑望天。
昂然独立形神俏，疏影娇姿意志坚。

〇七四、玉树临风 23×21×11cm

一石居中耀四壁,玲珑剔透又晶莹。
形神优美有谁匹,玉树临风把客迎。

○七五、高风苦节 36×22×18cm

苦节高风奏古琴，行操一曲值千金。
人生道路多砥砺，惟有无私知此音。

○七六、阆苑琼楼 22×20×15cm

琼楼阆苑是天工,玉阁长廊气势雄。
美景醉人何处在,且看案上石玲珑。

〇七七、穿壁引光 20×16×11cm

匡衡勤学苦无烛，邻舍灯光墙壁边。
穿壁引光解眉急，读书故事永相传。

〇七八、出凡入胜 15×23×11cm

超凡入胜景，炉火见青纯。
道德越高尚，心灵不染尘。

○七九、外柔内刚 40×32×20cm

今把命题议,外柔如内刚。
刚柔相制约,此理不能忘。

○八○、安祥恭敬 32×26×14cm

待人处事不轻率，文质彬彬仪态虔。
重在心中有敬畏，安详恭敬后人传。

○八一、道骨仙风　25×20×15cm

道骨仙风气度足，大方潇洒无拘束。
精神饱满很慈祥，看似平常已脱俗。

〇八二、抱素怀朴 24 × 20 × 16cm

抱素少私欲，心灵不染尘。
民风见厚道，怀朴守其真。

〇八三、一线天 33×20×12cm

相峙危岩扰即分，天光一线雾氤氲。
偶来游客抬头望，伸手欣然摘彩云。

○八四、法眼通天 21×14×14cm

法眼通天天不语，目光犀利察求真。
主持公道勿偏信，不徇私情执法神。

○八五、峰回路转　50×42×33cm

涧溪山径环峦绕，谷外炊烟牧曲长。
凝眸蜿蜒栈道险，峰回路转好风光。

◯八六、烟岚云岫 26 × 17 × 14cm

溪涧雾弥漫，雪松崖壁边。
峰峦呈万态，欲看莫来年。

○八七、横峰侧岭 28×30×21cm

横看成峰侧似岭，高低远近思无穷。
纵横峰岭知多少，行到深山成醉翁。

○八八、剑峰壁立 28 × 28 × 14cm

剑峰峤壁立，攀顶过悬崖。
险象有何惧，艰难一笑排。

○八九、重岩迭嶂 26 × 24 × 20cm

峻岭山崖高耸立,群峰峭壁障连绵。
重岩竞秀腾飞动,叠嶂相挨欲隐天。

〇九〇、仙山琼阁　24 × 17 × 14cm

仙山琼阁是神话，传说阁门常紧关。
惟有亭林翠微阁，笑迎游客到昆山。

〇九一、冰壶秋月 19×26×17cm

秋月明亮谁可比，冰壶洁白绝无尘。
壶清月朗上苍造，莹彻无瑕心地纯。

○九二、壁立千仞 41 × 53 × 18cm

命名壁立高千仞，收置斋中供案头。
真学米颠恭下拜，几回低首赞兄牛。

○九三、红装素裹 32×43×29cm

日出东方晴万里，千山腊雪着红装。
太平盛世在今日，福乐光临事业昌。

○九四、行不逾方 31 × 35 × 15cm

办事识人看品行，言而有信且中正。
人间正道岂容偏，行不逾方方可敬。

○九五、玉润冰清 16×20×10cm

偶有闲情赏此石,雪肤玉骨显真身。
晶莹洁白是天赋,玉润冰清不受尘。

○九六、风清月朗 20 × 16 × 14cm

八月中秋赏夜景，月光皎白可迷人。
谁知奇石性情爽，陪客携风品酒醇。

〇九七、澡身浴德　28×24×15cm

澡身重砥砺,浴德值千金。
养性人生事,皆需牢记心。

○九八、寻幽入微 27 × 31 × 18cm

寻幽有奥秘，莫认入微易。
务必细推敲，方能把事议。

○九九、屹立不动 48×42×14cm

山崖壁立嵩千仞,高耸险峰神斧工。
屹立巍然志不动,坚持信念在心中。

一〇〇、别有洞天 55 × 50 × 30cm

洞天别有杳然去，今日微风拂面来。
柳絮随风到处舞，山花如锦为君开。

一〇一、取精用弘　51×36×20cm

今日赋诗言瘦字,瘦身去腐取其精。
泥沙淘尽金方见,精益求精必用弘。

一〇二、贯微洞密 47 × 32 × 20cm

探索有时分辨难，细微之处多观察。
几番风雨定能消，解决疑题逐一捋。

一〇三、积微致著 48×37×18cm

细微事物若轻看，积累长期难揣量。
但见聚沙成小山，积微致著眼前亮。

一〇四、刚毅木讷 28×24×17cm

我名木讷性刚毅，说话迟疑不徇私。
果断公平讲原则，待人朴实寸心知。

一〇五、物华天宝 62×40×30cm

平民宅里寻常见，入室登堂四壁辉。
伴我歌吟如入梦，物华天宝石中稀。

一〇六、见微知著 36×47×27cm

供石一方真美丽，窟窿密布数难计。
若能洞察隐中微，帷幄运筹知大势。

一〇七、枕石漱流 34×48×27cm

春回大地品花香,世外桃源皆已忘。
枕石漱流何必去,劝君择日早还乡。

一〇八、气宇轩昂 23×25×10cm

早有名声行万里，精神抖擞貌容奇。
备鞍饱食系林下，器宇轩昂谁与骑。

一〇九、祥云瑞气 24×20×15cm

瑞气彩云呈吉祥，和风晓日太平兆。
一群飞燕上青天，携友成群天际绕。

一一〇、芥子须弥 45 × 45 × 20cm

须弥纳芥不生疑，芥纳须弥谁可比。
佛语精深气度宏，小中见大合情理。

一一一、由小见大

小品迷人供案头，天然妙景石中收。
神工果比人工巧，但见群峰景绝幽。

一一二、沧海遗珠

青蝇点玉不稀奇，沧海遗珠才可悲。
以貌取人轻品德，良材埋没有何思？

一一三、同道相益

天长日久有来客，相处和谐不孤僻。
百载人生终有难，力求同道得相益。

一一四、寸有所长

不能议事一言堂，用尺量长有所强。
若测短时惟用寸，方知寸短阐其长。

石德之美（代跋）

吴新民先生是农艺师，长期从事农作物种子育种，当过农业局副局长。退休后，他醉心于收藏昆石。十年前出版过《中国昆石》，去年写成的《石不能言最可人——传统赏石与昆石审美》是第二部著作。《昆山有玉——昆石文化的赏析与揭秘》已是第三部昆石专著了。

书中介绍的一百一十四件昆石，是他多年的珍藏，已无偿捐赠给筹建中的昆山博物馆。为其精神所感染，我应邀为书稿作了一些文字上的修饰，挂名而已。吴新民先生在书中谈昆石审美，强调的是石德。他说，昆石的晶莹剔透，显示其质和色的纯洁美，重在体现石德之美。一个人的德和行，展现出他的奉献精神，更衡量其道德水准。赏石者有了高尚的道德品质，才能触摸到石头所蕴含的道德品质。如果只从美的角度欣赏昆石，昆石不过是艺术品。如果从石德的角度鉴赏敬重昆石，那就成为罕见的宝物了。

昆石内在之美的发现与认识，相当程度上取决于观赏者的素质。赏石过程中，想要达到更高境界、产生更丰富的美感，应该从知性、格调和情意等方面的提高入手。一味追求藏品的精美与丰富，只是数量积累，难以触及赏石的真谛。苏东坡有诗云："若言琴上有琴声，放在匣中何不鸣？若言声在指头上，何不于君指上听？"惟有钟子期与伯牙之遇，才会有千古流传的佳话。称之为因缘的机会、机遇、机缘，当然有其偶然性，但是人与昆石具备了自身条件，又有合适的机缘，是一定能够产生如遇知音的赏石美感境界的。

拥有一方昆石，无疑是好事。然而，懂得昆石文化的内涵，远比拥有精美的昆石来得重要。热爱昆石，收藏昆石，赞美昆石，不仅仅是作为摆设，更重要的是以石为师，修心养性。通过赏石悟道，懂得昆石文化的核心是高尚的道德文化。

其实玲珑只是昆石的外貌，剔透才是本质。外貌重要，内质更重要。所以，昆石的石质必须晶莹，才能体现出内在结构美、缩景艺术美。通过联想、移情，进而发展到对祖国、对大自然的热爱，产生一种心灵上的共鸣。这种心灵之美，正是石德的体现。

石头承载着源远流长的历史文化。相传，上古伏羲氏时，滔滔黄河中浮出龙马，背负"河图"，献给了伏羲。伏羲依此而演成八卦，这便是《周易》的来源。《周易》乃儒家十三经中的宝典，是中国传统文化的基础，全部学术思想的基础。能从岩石的纹饰中读出哲理，当然是非凡之举。难怪东汉末年的经学大师郑玄认为，河图、洛书为天神的言语。

众所周知，曹雪芹在石头中寄寓了自己的情感与抱负。或者说，他是以石自比。曹雪芹生活在封建社会末世，很想补天，按照自己的理想去改良它，然而又不能挽狂澜于既倒。于是孤傲不屈，发奋著述，把自己的生命都熔铸在了《红楼梦》的那些艺术形象中。

苏轼也堪称嗜石成癖者。他有一幅绘画作品《古木怪石》卷，主体形象是一块颇为独特的怪石，形态尖峻硬实，石皴盘旋如涡，方圆相兼，既怪又丑。它并非真实的象形，也不是凭空臆造，而是他将奇石与奇倔的古木糅合在一起，加以想象发挥，表露了自己耿耿不平的内心。

赏石，是一门从无字处读书的学问。天然一奇石，或浑朴古雅，或玲珑秀巧，或金英缤纷，或如黛似翠，令人默默谛视，久久玩味，继而在品读中悟通大自然的进退沉浮和造化史的炎凉顺逆。如果你懂得昆石文化的内涵，明白石德的可爱可敬之处，或许就会以石为师，从它身上感悟许多做人的道理。

陈益

2019 年国庆节前夕于娄江畔

图书在版编目（CIP）数据

昆山有玉：昆石文化的赏析与揭秘 / 吴新民，陈益
著，-- 上海：上海书店出版社，2020.8
ISBN 978-7-5458-1932-8

Ⅰ.①昆・・・Ⅱ.①吴・・・②陈・・・Ⅲ.①观赏型–石–
鉴赏–昆山 Ⅳ.① TS933.21

中国版本图书馆 CIP 数据核字（2020）第 113436 号

责任编辑 岳霄雪 解永健

特约编辑 卢润祥

摄　　影 张洪军

装帧设计 国严心

昆山有玉
——昆石文化的赏析与揭秘
吴新民 陈益 著

出　　版 上海书店出版社
（200001 上海福建中路 193 号）
发　　行 上海人民出版社发行中心
印　　刷 上海雅昌艺术印刷有限公司
开　　本 890×1240 1/32
印　　张 6
版　　次 2020 年 8 月第 1 版
印　　次 2020 年 8 月第 1 次印刷
ISBN 978-7-5458-1932-8/TS.16
定　　价 98.00 元